复合相变材料制备与能源转换中的应用

Preparation of Phase Change Material Composites for Energy Conversion Application

◉ 俞程缤 著

大连理工大学出版社

图书在版编目(CIP)数据

复合相变材料制备与能源转换中的应用 / 俞程缤著
. -- 大连 : 大连理工大学出版社，2022.4(2023.9重印)
ISBN 978-7-5685-3775-9

Ⅰ. ①复… Ⅱ. ①俞… Ⅲ. ①相变－复合材料－材料
制备②相变－复合材料－能量转换 Ⅳ. ①TB33

中国版本图书馆 CIP 数据核字(2022)第 048296 号

大连理工大学出版社出版
地址:大连市软件园路 80 号　邮政编码:116023
发行:0411-84708842　邮购:0411-84708943　传真:0411-84701466
E-mail:dutp@dutp.cn　URL:https://www.dutp.cn
北京虎彩文化传播有限公司印刷　　　　　大连理工大学出版社发行

幅面尺寸:185mm×260mm　　　印张:8.5　　　字数:195 千字
2022 年 4 月第 1 版　　　　　　　　　　2023 年 9 月第 2 次印刷

责任编辑:王晓历　　　　　　　　　　　　责任校对:王晓彤
封面设计:张　莹

ISBN 978-7-5685-3775-9　　　　　　　　定　价:96.90 元

前　言

　　相变材料在相变过程中产生的相变储能可以适当调节对外界的能量供给,节约大量能源,因而受到越来越多的关注和深入的研究。从实际角度上来看,相变储能技术是提高能源利用效率实惠而有效的手段之一。近年来,能源的枯竭和能源消耗时产生的环境污染问题迫使我们加快对新能源的研发与应用。相变储能技术同样在能源转换中具有很高的利用价值,通过吸收太阳能或废热回收等不同方式将大量的外界热能转化成自身的相变储能,同时在外界环境温度开始降低时也发生冷却相变而释放大量的热量。与此同时,相变材料处于相变过程时对温差发电装置及热释电极产生两端温差,使这些发电装置发生能源转换效应,向外界提供生活中所需的电能。

　　由于相变材料在发生固-液相变时发生液体形变,因此人们无法直接利用相变过程中转化的高相变储能。为了防止发生液体泄漏并在相变过程中保持原有的固体形状,需要使用支撑材料来限制相变材料的流动性,也就是制备具有定形相变特性的复合相变材料。复合相变材料的制备可有效防止相变材料在相变过程中发生的泄漏现象,推动了相变材料在众多领域中的实际应用。目前使用微胶囊状结构和泡沫结构制备的复合相变材料,其支撑材料含量较高反而降低复合相变材料的相变储能。提高复合相变材料中的相变材料百分比最简便的方式是替换支撑材料,改用多孔性气凝胶作为制备复合相变材料中新的支撑材料。与其他结构的支撑材料相比,多孔性气凝胶具有高孔隙率,可装满大量的相变材料并能极大地提高复合相变材料中的相变材料百分比。

　　本书介绍了复合相变材料的制备及研究进展,同时讲述了气凝胶为支撑材料的复合相变材料的相关特性,以及在制备过程中存在的技术性问题。此外,本书也讲述了改性气凝胶支撑的复合相变材料在温差发电效应和热释电效应中获得的研究结果并总结出该复合相变材料在能源转换领域中的应用前景。

　　著者从大学开始涉猎相变材料的相关研究,且不断在学术期刊发表学术成果。根据多年的科研累积和新的研究进展,著者完成了这部有关复合相变材料的科技专著,目的是提高读者对复合相变材料的认识。除此之外,本书中讲述的复合相变材料在能源转换领域中面临的技术性问题及未来的研究方向,可为从事复合相变材料研究的科研人员提供具有实践价值的参考内容,促进复合相变材料在能源转换领域中的技术发展,进而取得更多的科研成果。

由于著作的科研实力需要进一步的提高,书中难免有不足之处,恳请读者不吝赐教和批评指正。

著 者

2022 年 4 月

所有意见和建议请发往:dutpbk@163.com

欢迎访问高教数字化服务平台:https://www.dutp.cn/hep/

联系电话:0411-84708445 84708462

目　录

第1章

绪 论

1.1 简 介

随着能源的枯竭和能源消耗时不断产生的环境污染问题,倡导新能源开发已成为当今社会的研究话题。太阳能转换及工业废热的回收利用同样受到越来越多的关注,在解决能源消耗和环境污染问题上起着重要的作用。如今,热能储存被视为一项热门技术,可以吸收并应用大量的太阳能和工业废热。其中,相变储能是相变材料在相变过程中吸收外界热量而转化成的内部储能,在环保节能领域具有广泛的应用前景。由于相变材料具有很高的相变储能,因此在相变过程中吸收或释放大量的热量的同时仍保持材料自身处于接近恒温状态。相变材料主要分为共晶相变材料、无机相变材料以及有机相变材料。共晶相变材料由两种或两种以上的化合物组成,不受外界温度的影响。与单一化合物相比,共晶相变材料在发生吸热相变时储存大量的外界热量,从而在工业废热回收领域中有着很高的应用价值。目前 O. F. Isamotu 等[1]使用硝化锂、硝化铵和硝化钠的混合物成功制造了共晶相变材料,同时对其相变材料的储热特性进行研究并取得了一些进展。无机相变材料同样受到很多的关注。以无机水合盐以及金属及其合金为代表的无机相变材料具有较高的熔化热,在相变过程中可以吸收大量的外界热量。此外,无机水合盐的平均熔点低于 100 ℃,同样在吸收太阳能及工业废热回收领域具有很高的应用价值。典型的无机相变材料有 $CaCl_2 \cdot 6H_2O$,$Ba(OH)_2 \cdot 8H_2O$ 及铜-铝合金、镁-锌合金等[2]。与共晶相变材料和无机相变材料相比,有机相变材料是目前最受关注、应用领域最为广泛、研究成果最多的相变储能材料。由于有机相变材料相变温度较低,在适当条件下均发生相变,加上储能密度较高,在相变过程中会吸收或释放大量的热量。有机相变材料可分为石蜡型有机相变材料和非石蜡型有机相变材料。石蜡型有机相变材料随着碳原子的增加,其熔点和熔化热也发生变化。因稳定的化学性质,石蜡型有机相变材料在建筑和保温地板等领域具有实际性应用价值。非石蜡型有机相变材料一般指脂肪酸、聚乙二醇(PEG)以及聚氨酯等。类似于石蜡,脂肪酸和聚乙二醇(PEG)均有很高的相变潜热,在相变储能的实际应用领域中受到很大的关注。有机相变材料的相变过程可分为固-固相变和固-液相变。除了聚氨酯为固-固相变材料之外,其他有机相变材料均属于固-液相变材料。这些固-液相变材料从固态转化成液态时吸收大量的外界热量并转化成自身的相变储能。相比于固-固相变材料,固-液相变材料具有更高的相变潜热和更稳定的化学性质,从而在循环使用相变储能的众多领域中具有更好的应用前景。然而,固-液相变材料存在着致命的缺点,那就是发生吸热相变时相变材料发生液体形变,即泄漏现象。尽管该相变材料保持很高的相变储能,但在相变过程中出现泄漏现象极大地阻碍了其相变储能的稳定应用。因此,既能充分利用相变材料的高相变储能,又能防止相变材料在相变过程中发生泄漏现象,制造定形相变材料在相关研究领域中成为必要的研究课题。限制液体相变材料的流动性,外部保持原有形状是目前最为常用的制备方法。该定形相变材料可以有效防止在相变过程中出现泄漏现象,同时充分利用其相变过程中吸收或释放的大量热量。发生固-液相变而不出现泄漏现象,保持原有形状的相变材料,我们称之为定形相变材料。近年来,定形相变材料的制备也有着快速的发展,与实际应用相结合,生产出一批又一批的工程材料。

1.2　定形相变材料的制备与应用

尽管相变材料因具有很高的相变储能而存在较高的应用价值,但在吸热相变过程中它会失去原有形状,发生泄漏现象而阻碍其高相变储能的实际应用。为了充分应用相变材料的相变储能并解决相变材料在相变过程中发生的泄漏现象及体积膨胀等问题,用一定的材料工艺来制作定形相变材料是一项关键技术。大部分固-液相变材料采用封装技术,防止发生相变后液体相变材料产生流动性,达到定形相变效果。最初实现封装定形相变材料效果采用的是胶囊型定形相变技术。众所周知,定形胶囊结构堪称有支撑物体的立体结构,紧紧贴在发生固-液相变的材料表面,即使里面的材料发生液体转变,外观上仍保持稳定的固体形状。有机相变材料的定形胶囊结构通常采用溶剂挥发法来制备,即将固体相变材料放入不溶溶剂中进行加工。以石蜡为例,由于它不溶于水,首先把固体石蜡放入水中,并使用均质机进行高速搅拌。在搅拌过程中,固体石蜡逐渐分散在水中形成乳液单体,其结构发生球形转变。此时,我们可以在乳液中加入亲水化合物,同时蒸发所有的溶剂,从而将其化合物顺利粘到石蜡表面,实现制备胶囊结构的定形相变材料。球形胶囊结构的定形相变材料如图 1-2-1 所示。图中,结构 A 为被封装的固-液相变材料,结构 B 为胶囊支撑材料。相变材料具有稳定的化学性质,在制备过程中不发生任何化学反应,因而形成胶囊形状的定形相变材料既能保持较高的相变储能,又能防止在相变过程中发生泄漏现象。

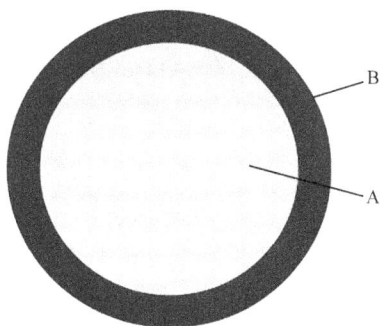

图 1-2-1　球形胶囊结构的定形相变材料

胶囊结构定形相变材料的制备实现了相变储能的稳定应用,在相变技术的发展中起着不可替代的作用。然而,支撑材料的占比较大,降低了定形相变材料的相变储能,使得相变储能的转换效率受到较多的影响。为了在实际应用中提高相变材料的相变储能,同时也保证定形相变效果,采用物理共混法来制造定形相变材料成为新的研究方法。由于固-液相变材料在受热熔化之后出现液相流动,因此选择氧化石墨烯以及碳纳米管等碳基材料作为支撑体来制备定形相变材料。从氧化石墨烯和碳纳米管的结构我们不难发现,层状结构导致夹层间产生毛细管力,既能吸收液体相变材料,又能防止形变,达到定形相变效果。此外,氧化石墨烯具有很多氧化官能团,在与聚乙二醇(PEG)及脂肪酸等有机相变材料共混时,可以与相变材料中的官能团产生氢键。氢键的存在可以进一步提高相变材料的物理性质,在一定程度上阻止发生泄漏现象。目前,共混法使用均质机高速搅拌来制备定形相变材料。首先,为了促进碳基材料的分散,使用超声波破碎仪将其均匀分布在溶剂中,随后将均匀悬浮液放入液体相变材料,并进行高速搅拌。等碳基材料充分分布在有机相变材料后,通过冷却烘干最终制备出定形相变材料。这些相变混合物具有稳定的化学性质,制备过程中不发生任何化学反应。与胶囊结构的定形相变材料相比,共混定形相变材料的制备过程较为简单,而且很大程度上提高了相变材料的占比,继而提高了定形相变材料的相变潜热。储热的增加,使定形相变材料吸收或释放更多的热量,加上碳基材料具有很好的导热性,因此提高了总体的导热性。此外,氧化石墨烯和碳纳米管均可有效吸收太阳光并将其转化为热能,使得定形相变材料在太阳能的利用与能源转换上有了新的提高。进一步简化制备过程,且增加相变储能,逐渐用多孔性材料取代支撑材料,使用多孔性泡棉以及气凝胶来制备定形相变材料是目前应用最为广泛的方法。支撑材料具有很多的内部空间,液体有机相变材料可以渗透到其内部空间并形成稳定的定形相变结构。近年来,制备定形相变材料中使用的多孔性支撑材料有蜜胺泡绵和碳海绵,可通过浸渍法把液体相变材料渗入支撑材料的内部空间。由于支撑材料具有较高的机械性能,与胶囊形状和共混相变材料相比,浸渍法制备的定形相变材料在高温条件下也能保持原有的形状,并能承受一定程度的外界压力,有效防止相变过程中产生的泄漏现象[3,4]。气凝胶可看作是最轻的支撑材料,同样采用浸渍法来制备定形相变材料。因相变材料的占比很大,气凝胶支撑的相变材料具有很强的相变储能能力,故被视为最适合应用其相变潜热的定形相变材料。一般使用的气凝胶有二氧化硅和石墨烯气凝胶。考虑相变材料的导热特性，石墨烯气凝胶逐渐取代其他多孔性支撑材料，成为制备定形相变材料中使用最多的支撑材料。石墨烯相关的具体内容，将在第 3 章详细讲解。基于有机相变材料是在固-液相变过程中发生相变的，定形相变材料制备对气凝胶的机械性能及热稳定性有着较高的要求，加上液体相变材料渗入气凝胶内部空间时出现气凝胶的体积收缩，石墨烯气凝胶也需要改性并且加强机械性能来保持结构形状。用石墨烯气凝胶制备的定形相变材料除了能有效吸收工业余热之外，也能吸收汽车发动机和尾气中产生的热量并将其转化为相变储能。加之，持续吸收太阳光并将其转化为热能，用石墨烯气凝胶制备的定形相变材料在开发可再生能源和绿色环保等领域中有着巨大的应用价值。为了解决能源危机，可再生能源，尤其是太阳能的能源转换已备受关注，至于相变材料，利用其相变储能转换为电能及机械能在能源研发方面具有广阔的发展前景。如此一来，相变材料在热电效应中的应用也成为制备定形相变材料最主要的研究方向，制备高相变储能的定形相变材料更需要提高能源转换效率，在新能源的应用中保持良好的稳定性。

1.3　复合相变材料在热电效应中的应用

随着相变材料在能源领域中的应用越来越多，利用其相变过程中吸收或释放大量的热量，定形相变材料在热电效应方面的相关研究也受到很大的重视。尽管相变金属合金以及无机水合盐也能有效吸收外界热量，但其与有机相变材料相比存在缺乏稳定性、易发生形变、腐蚀容器等一系列问题。因此，固-液有机相变材料被视为最好的选择。有机相变材料具有较高的相变潜热，相变过程中发生的泄漏现象导致材料形变，极大地阻止了相变材料的实际应用。与此同时，有机相变材料的使用需要考虑耐久性、生产成本及传热效率。为了有效降低相变材料在循环相变过程中物理性质的退化，防止出现泄漏现象，定形相变材料，尤其是复合型相变储能材料的制备已成为学术领域和现代工艺中的热门研究课题。复合型相变储能材料也可以称为复合相变材料，主要指二元或多元化合物的混合体系或低共熔体系，并且是形状稳定的定形无机、有机相变材料。其中，用有机相变材料制备的复合相变材料不仅能储存或释放大量的热量，经济成本较低，制造方便，而且没有腐蚀容器问题。加上相变温度适当，满足不同温度条件下的相变热转换，复合相变材料的应用领域也随之扩大。为解决能源危机，开发可再生能源，复合相变材料在能源转换中逐步取得新的成就。其中，根据热电效应，利用相变储能将其有效转换为电能是近年来最受关注的研究领域之一。热电效应，主要指由两种不同的电导体（同一种类、不同密度的电导体）或半导体的温差而引起两种物体间的电势差的热电现象。如果两个接触点的温度不同，在回路中就会出现电流，称为热电流。当然，相应的电动势称为热电势，由温度梯度方向来决定。因复合相变材料在相变过程中吸收或释放大量热量，并且自身保持接近恒温状态，我们可以将该相变过程应用于温差发电领域。当复合相变材料冷却相变时，由于释放储热而保持温度不变,因此电导体或半导体两端形成温差。于是,在温度梯度下导体内的载流子从热端开始向冷端运动,产生热电效应。根据热电转换效率,通常将半导体当作温差发电装置,与复合相变材料连接在一起,组成热电温差发电装置,如图 1-3-1 所示。

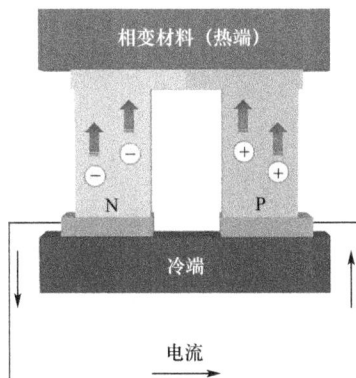

图 1-3-1　热电温差发电装置的结构原理

从图 1-3-1 中可以看到,复合相变材料一般放置于发电装置的热端,使热端温度高于冷端温度。只要保持温差,发电机就会产生热电效应,回路中就会不断出现电流。同样,在学术领域中也有利用复合相变材料的相变储能来进行热电效应的研究案例。Jiang 等[5]使用石墨烯为支撑材料,成功制备了以聚乙二醇(PEG)为储热材料的复合相变材料,并确保固-液相变过程中复合相变材料保持原有的形状。等相变材料充分吸收热量转化为相变储能后,将复合相变材料放置在热端,并观察了热电效应。显然,在冷却过程中,复合相变材料释放已有的相变储能,且在相变过程中保持接近恒温状态,使回路提供稳定的热电势。尽管持续时间较短,却成功点亮了 LED 灯泡,证明了复合相变材料在能源转换中的潜在应用。复合相变材料既能反复使用,长期利用相变过程中的相变储能,同时相变时的热胀冷缩程度低,是很合适的定形相变材料。为了弥补有机相变材料低导热率的缺陷,通常使用石墨烯气凝胶作为支撑物体来制备复合相变材料。石墨烯气凝胶不仅能改善相变材料的导热性能,而且能大幅提高其热稳定性及耐久性。由于支撑材料易吸收太阳光且能将其转化为热能,因此复合相变材料在太阳能发电应用领域具有实际性利用价值。作为可再生能源之一,充分利用太阳能且通过热电效应产生源源不断的电能,对于解决能源危机而言,是极为合适的一项技术。复合相变材料的太阳能转换模式如图 1-3-2 所示。图中,复合相变材料在储热发电装置中充当储热器,吸收大量的太阳能发生固-液相变,在相变过程中储存相变储能,同时实现了从太阳能到电能的能源转换。

不仅如此,到了夜晚温度开始降低,复合相变材料也可以释放大量的相变储能,在相变过程中持续产生热电效应。对于复合材料的能源转换应用,我们将在第 5 章进行更为详细的讲解。自复合相变材料在热电装置中的热端相互连接起,利用温差产生电能的研究逐渐增多,采用两种不同相变温度的复合相变材料,在外界温度变化以及吸收太阳能而产生热电效应的研究成为一个新的热门领域。与传统的热电效应相比,采用两种复合相变材料可以自动控制热电装置,无须手动进行温差处理。此外,复合相变材料同时受到外界环境的影响,在相变过程中吸收或释放大量的相变储能,加上经济成本低,在自动生成热电效应产生电能的应用中起着关键的作用。尽管新的热电系统存在热电转换效率低、产生的电流量较少等技术问题,但通过不断改善,强化复合相变材料结合在自动化、智能化转换能源方面的实际应用,复合相变材料的热电转换必将具有空前的发展前景。

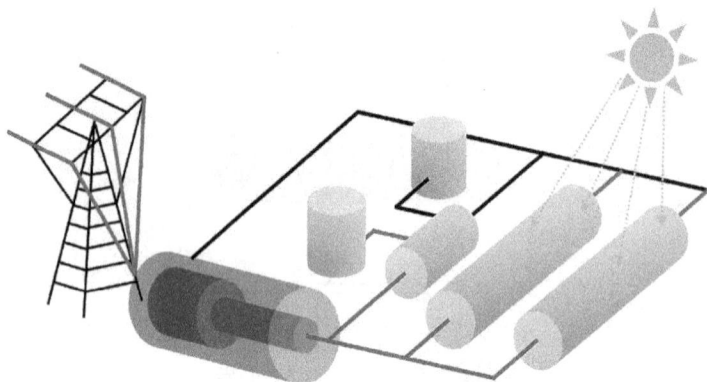

图 1-3-2　太阳能发电系统模式

第2章

复合相变材料

2.1 概　述

相变材料根据相变的方式一般可分为固-固相变材料、固-液相变材料、固-气相变材料和液-气相变材料。其中,固-液相变材料因相变储能高、化学性质稳定、无腐蚀性、相变温度适当而应用广泛。复合材料可谓是通过先进的材料制备技术优化材料组成的新型材料。复合材料一般是由两种或两种以上的不同材料组成的,各组分之间存在着明显的界面,不仅能保持各组分材料的特性,而且能有效提高组成材料的综合性能。复合相变材料同样是指二元或多元化合物的混合体系,形成稳定的固-液相变材料。从相变的角度来看,复合相变材料同样在相变过程中吸收或释放大量的热量,具有很高的相变潜热。通常,固-液相变材料随外界温度的变化而发生相变过程如图 2-1-1 所示。由图中可以看出,随着温度的上升,相变材料开始出现恒温相变过程,并吸收大量的外界热量转化为相变储能;相反,液体相变材料在冷却过程中,经过恒温相变过程,此时的相变材料将释放自身的相变储能最终凝固成固体形状。

尽管拥有很高的相变储能,但是液相的形成使相变材料出现泄漏现象,形状发生改变,影响相变材料的实际应用。因此,定形相变材料的制备可以说是利用其相变材料相变储能特性的第一步,也使复合相变材料在能源转换、热电效应中起着至关重要的作用。定形相变材料的制备采用封装技术或浸渍法,对固-液相变材料进行包抄,阻止液体相变流动来保持原有形状。图 2-1-2 所示为相变过程中定形相变材料的相变原理。显然,被支撑物体包抄的相变材料尽管在相变过程中变成液体,但是定形材料只发生微弱的体积膨胀,并没有发生泄漏现象。定形相变材料在相变过程之后,仍然保持原来的固体形状,达到定形相变储能的最初效果。

复合相变材料,除了高稳定性以外,也具有定形高相变储能特性。制备复合相变材料

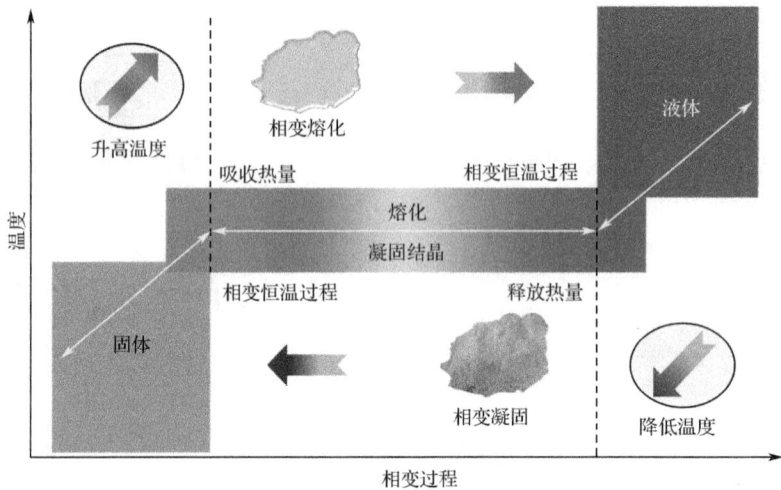

图 2-1-1　相变材料相变过程

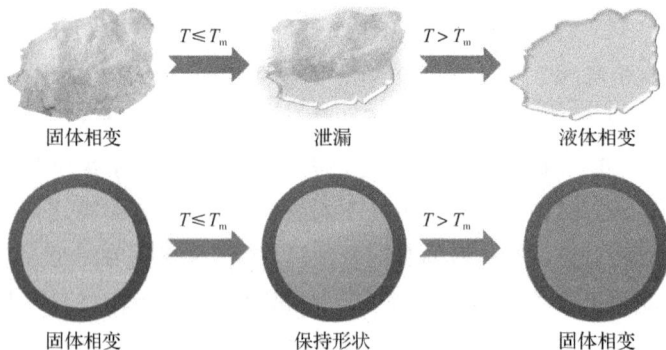

图 2-1-2　定形相变材料的相变原理

可防止相变过程时发生液体泄漏,尽量保持相变材料的物理特性,并充分利用相变过程中的相变储能。此外,复合相变材料除了筛选合适的支撑材料之外,还在一定的温度范围中具有适合应用的相变性能。以定形相变储能为例,在目前研究广泛的能源转换领域中,复合相变材料的应用价值也同样越来越高。为了满足高储能密度以及较高的导热能力要求,相变材料可分为以金属水合盐为主的无机相变材料和以石蜡、聚乙二醇(PEG)为代表的有机相变材料。无机相变材料具有很高的相变储能能力,在高温条件下发生稳定的相变过程。然而,无机相变材料发生腐蚀容器现象,给实际应用带来一定的局限性。尽管采用支撑材料制备无机复合相变材料来防止腐蚀容器,但可逆性差仍给复合相变材料的持续使用带来很大程度的影响。加上相变温度较高,其在自然界的广泛应用同样受到严峻的挑战。相比于无机相变材料,石蜡等有机相变材料具有适当的相变温度和相变潜热,使用的温度条件极为广阔,是目前制备复合相变材料中使用量最多的相变材料。同样,有机复合相变材料除了在相变过程中保持原有形状以外,还具有无毒性、耐久性强等特性,有利于其长期使用。然而,有机相变材料的导热能力很差,使其吸收外界热能和相变储能转换也受到很大的影响。为提高导热能力,同时满足定形相变要求,可采用石墨烯等碳基材料作为支撑材料来制备复合相变材料。特别是以石墨烯气凝胶浸渍大量的有机相变材料,能保持几乎全部原有的相变特性,其导热能力也得到很大的提高,改善了复合相变材料在相变储能和能源转换上的效率。不仅如此,在新能源,尤其是太阳能的应用领域中,碳基材料易吸收太阳光,并将其转变为热能储存于相变材料之中。适合的相变温度,使复合相变材料在不同地区均可与外界进行能源交换,通过相变过程来实现相变材料的能源转换。虽然目前在应用过程中仍然存在一些问题,但复合相变材料已成为应用相变材料,特别是利用相变储能技术的基础。如何改善相变材料的特性以进一步提高其实际性,在发展新能源、可再生能源的道路上存在着更高的应用价值。

2.2　复合相变材料的研究进展

复合相变材料的制备首先要确保定形相变,在相变过程中避免发生泄漏现象,同时尽量保持较高的相变储能。随着支撑材料的多样化,复合相变材料的制备方法及材料结构也随之发生变化,相变材料的综合性能也随之改善,为相变储能的充分应用提供理论平台。相变材料主要分为无机相变材料和有机相变材料。无机相变材料如金属水合盐,在制备复合相变材料时应弥补相变材料在相变过程中产生的相分离、腐蚀容器以及反复性差等一系列问题。显然,金属水合盐中的结晶水分无法充分溶解吸附的无机盐,该水合盐的熔点也受到一定的影响。加上金属水合盐在相变过程中很容易产生结晶沉淀,阻碍其反复使用。通常采用在金属水合盐中加少量水分来增大溶解度或者使用化学性能稳定的物体作为支撑材料对金属水合盐进行封装的方法来制备金属水合盐包含的复合相变材料。以 $CaCl_2 \cdot 6H_2O$ 为例,把纳米氧化硅(Nano-SiO$_2$)作为支撑材料制备 $CaCl_2 \cdot 6H_2O$ 复合相变材料。首先将把 $CaCl_2 \cdot 6H_2O$ 加入三种不同类型的纳米氧化硅并观察相变稳定性及耐久性。图 2-2-1 所示为 $CaCl_2 \cdot 6H_2O$ 复合相变材料的制备流程[6]。

从图中可以看出,将无水 $CaCl_2$ 与氯化锶晶体($SrCl_2 \cdot 6H_2O$)混合在一起并放入蒸馏水中。其中,氯化锶晶体是成核剂,可以加快生成 $CaCl_2$ 水合盐。在恒温槽中搅拌 15 min 之后(搅拌速度为 300 r/min),进行冷却。等混合物充分生成结晶以后,放入恒温控制加热器,把温度控制在 50 ℃。等混合物充分熔化后,再次放入纳米氧化硅的烧杯中。通过 30 min 的充分搅拌(搅拌速度为 300 r/min),使 $CaCl_2 \cdot 6H_2O$ 水合盐均匀分散在纳米氧化硅表面。最终生成的复合相变材料被标注为 $CaCl_2 \cdot 6H_2O$/NS(NS 为纳米氧化硅),且成功制备出 $CaCl_2 \cdot 6H_2O$ 水合盐质量分数分别为 80%,78%,75%,73%,70%,68%的复合相变材料。同时,纳米氧化硅也分为三种不同类型来观察复合相变材料的定形效果。纳米氧化硅的种类及特性见表 2-2-1。

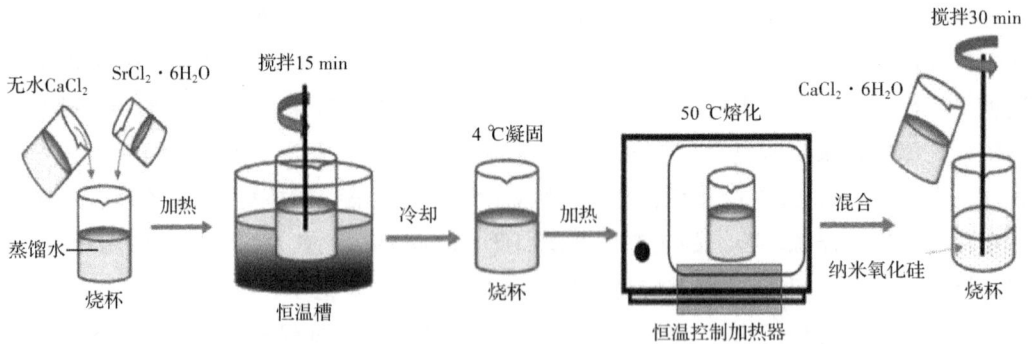

图 2-2-1　CaCl$_2$·6H$_2$O 复合相变材料的制备流程

表 2-2-1　　　　　　　　　　　　　纳米氧化硅的种类及特性

材料名称	孔径/nm	比表面积/(m^2·g^{-1})	pH	烧失量 1 000 ℃/%	氧化硅质量分数/%
NS1	15±5	230±30	5～7	≤2	≥99.5
NS2	30±5	180±30	5～7	≤2	≥99.5
NS3	50±5	150±30	5～7	≤2	≥99.5

　　从表中可以看出,孔径和比表面积的不同会影响复合相变材料的定形效果,对相变潜热的应用也带来一定的影响。加入纳米氧化硅之后搅拌,再进行冷却生成最终 CaCl$_2$·6H$_2$O 复合相变材料。根据纳米氧化硅的不同,三种支撑材料所制备的复合相变材料如图 2-2-2 所示。

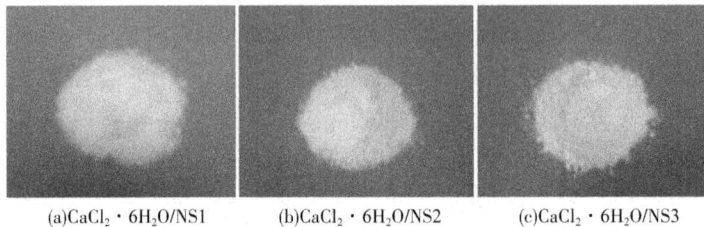

(a)CaCl$_2$·6H$_2$O/NS1　　　(b)CaCl$_2$·6H$_2$O/NS2　　　(c)CaCl$_2$·6H$_2$O/NS3

图 2-2-2　三种纳米氧化硅支撑的 CaCl$_2$·6H$_2$O 复合相变材料

　　显然,三种复合相变材料在表面上都形成白色粉状,纳米氧化硅的大比表面积会大量吸附 CaCl$_2$·6H$_2$O 水合盐,使复合相变材料在相变过程中保持固体形状,防止发生泄漏现象。三种复合相变材料的定形相变特性如图 2-2-3 所示,把复合相变材料放置在 50 ℃的条件下维持 1 h 并观察各个材料的形状变化,而且通过相变过程产生复合相变材料质量损失见表 2-2-2。

(a)CaCl$_2$ · 6H$_2$O/NS1

(b)CaCl$_2$ · 6H$_2$O/NS2

(c)CaCl$_2$ · 6H$_2$O/NS3

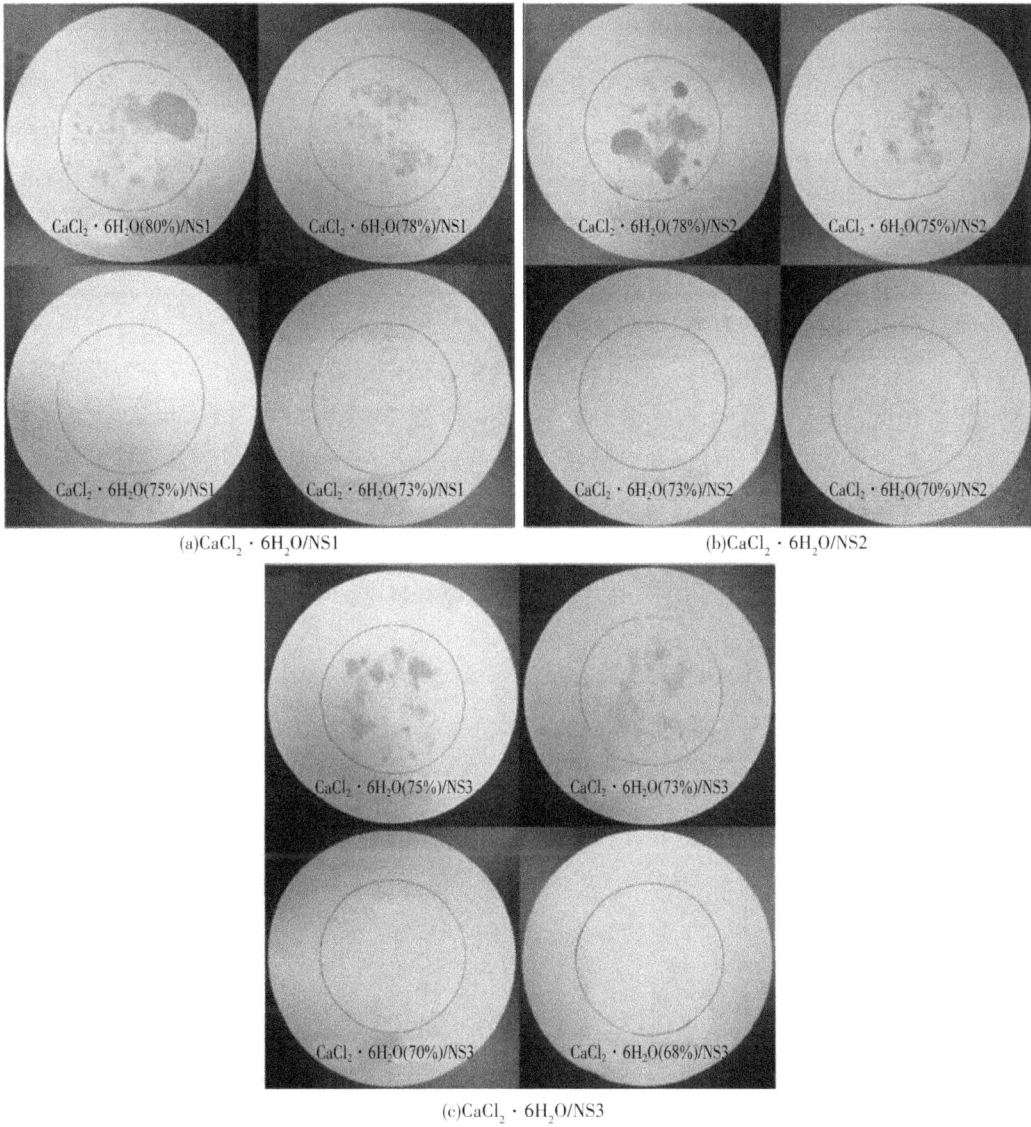

图 2-2-3　定形相变测试

表 2-2-2　　　　　　　　　复合相变材料定形测试结果

试样	测试前质量/g	测试后质量/g	质量损失/%
CaCl$_2$ · 6H$_2$O(80%)/NS1	5.00	4.77	4.6
CaCl$_2$ · 6H$_2$O(78%)/NS1	5.00	4.86	2.8
CaCl$_2$ · 6H$_2$O(75%)/NS1	5.00	5.00	0
CaCl$_2$ · 6H$_2$O(73%)/NS1	5.00	5.00	0
CaCl$_2$ · 6H$_2$O(78%)/NS2	5.00	4.76	4.8
CaCl$_2$ · 6H$_2$O(75%)/NS2	5.00	4.89	2.2

（续表）

试样	测试前质量/g	测试后质量/g	质量损失/%
$CaCl_2 \cdot 6H_2O(73\%)/NS2$	5.00	5.00	0
$CaCl_2 \cdot 6H_2O(70\%)/NS2$	5.00	5.00	0
$CaCl_2 \cdot 6H_2O(75\%)/NS3$	5.00	4.76	4.8
$CaCl_2 \cdot 6H_2O(73\%)/NS3$	5.00	4.86	2.8
$CaCl_2 \cdot 6H_2O(70\%)/NS3$	5.00	5.00	0
$CaCl_2 \cdot 6H_2O(68\%)/NS3$	5.00	5.00	0

通过定形相变测试来判断，$CaCl_2 \cdot 6H_2O/NS1$ 复合相变材料中，NS1 支撑材料最多可以容纳 75% 的 $CaCl_2 \cdot 6H_2O$ 水合盐并在相变过程中保持原有的形状，不出现泄漏现象。与此相反，NS2 支撑的复合相变材料最多含有 73% 的相变材料，NS3 则减少为 70%。由此可见，纳米氧化硅的比表面积越大，且孔径越小，表面张力越大；支撑材料收容更多的相变材料，使复合相变材料也具有更高的相变储能能力。为了检验复合相变材料的耐久性及反复使用性，使用差示扫描量热仪（DSC）进行温度循环测试。基于定形相变测试中复合相变材料 $CaCl_2 \cdot 6H_2O(75\%)/NS1$ 拥有最多的 $CaCl_2 \cdot 6H_2O$ 水合盐，其温度循环结果如图 2-2-4 所示。

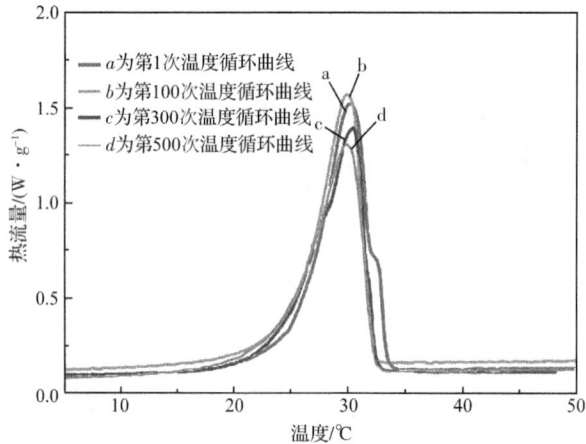

图 2-2-4 $CaCl_2 \cdot 6H_2O(75\%)/NS1$ 复合相变材料的热循环测试结果

分析热循环测试结果，发现复合相变材料 $CaCl_2 \cdot 6H_2O(75\%)/NS1$ 在 500 次温度循环过程中可保持很高的相变储能能力，仅仅出现少数的热量损失。由此可见，纳米氧化硅支撑的复合相变材料具有很高的热可靠性，同时也证明长期循环使用，将充分利用相变材料在相变过程中吸收或释放的相变储能。相比于无机相变材料，制备复合相变材料普遍使用有机相变材料，且应确保复合相变材料在固-液相变过程中不发生液体泄漏。最初的有机复合相变材料由有机相变材料和高分子组成，以高密度聚乙烯（HDPE）为支撑物质，石蜡作为有机相变材料[7]。由于高密度聚乙烯（HDPE）具有较高的熔点，加上石蜡在固-液相变过程中吸收很多热能，该高分子支撑的复合相变材料在阻燃剂相关领域有一定的研究成果。Cai 等[8]采用螺杆挤出法在 120～170 ℃环境下，挤压石蜡和高密度聚乙烯

（HDPE）来制备高分子支撑的复合相变材料。图 2-2-5 所示为扫描电子显微镜（SEM）下观察的复合相变材料的内部结构。

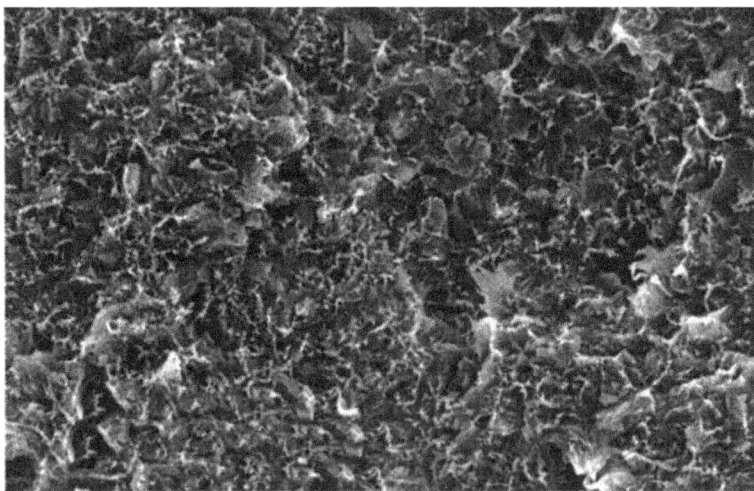

图 2-2-5　复合相变材料 SEM 结构（2 000×）

从图中可以看出，石蜡被高密度聚乙烯（HDPE）混合均匀，达到定形相变的基本要求。与一般相变材料相比，高密度聚乙烯（HDPE）支撑的复合相变材料不需要封装，经济成本低，而且定形吸收大量的热量发挥其阻燃作用。为了更加有效地封装有机相变材料，提高其相变效率，微胶囊法也逐渐成为复合相变材料常用的制备方法。微胶囊的结构特点是含有核心物质的囊芯以及覆盖层的囊壁。通常情况下，微胶囊法制备的复合相变材料是以相变材料为囊芯，外层支撑材料为囊壁的球形结构。显然，相变材料被外层支撑材料紧密覆盖，可以有效防止泄漏现象，同时减少相变材料与外界环境的接触。此外，微胶囊结构能增大复合相变材料的传热面积，而且能控制相变时发生的体积变化。微胶囊法制备复合相变材料的流程如图 2-2-6 所示[9]。

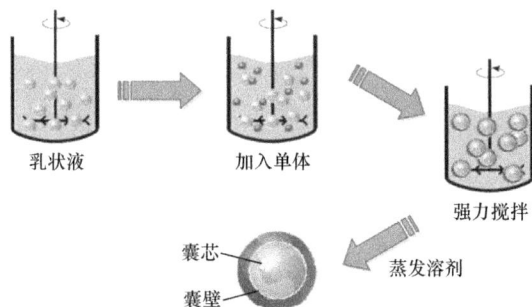

乳状液　　　加入单体

强力搅拌

囊芯
囊壁　　　蒸发溶剂

图 2-2-6　微胶囊法制备复合相变材料的流程

首先将相变材料熔化为液相并加入蒸馏水中形成乳状液。因有机相变材料不溶于水，故在水溶剂中形成球状物体。其次，将支撑材料放入乳状液并进行强力搅拌，同时蒸发所有的溶剂以生成胶囊结构的复合相变材料。近年来，微胶囊结构的支撑材料主要为聚苯乙烯（PS）、聚苯胺（PANI）及无机盐等。这些支撑材料都是通过溶剂挥发法吸附在球状结构上的相变材料。Xiong 等[10]把聚苯乙烯(PS)作为支撑材料,正十八烷(n-Octa-decane)为相变材料制备出微胶囊结构的复合相变材料。采用苯乙烯单体,加入过氧化二苯甲酰(BPO)作为引发剂发生苯乙烯聚合反应并生成聚苯乙烯(PS)。同时,加入正十八烷乳状液进行搅拌,通过溶剂蒸发形成球状结构的复合相变材料。

从图 2-2-7 中可以看出,相变材料被聚苯乙烯(PS)全面覆盖形成均匀的定形相变结构,且平均直径为 178 μm。因此,我们可以判断聚苯乙烯(PS)支撑的复合相变材料在相变过程中保持原有形状,也能吸收大量的热量转化为相变储能。稳定的化学性质使复合相变材料对容器不产生腐蚀现象,同时提高了相变材料的循环使用。复合相变材料在相变过程中保持原有形状的时候,封装的相变材料因其发生液体相变而产生体积膨胀。相变时的体积变化导致微胶囊结构破裂,会引起液体泄漏,影响相变材料的长期应用。聚苯胺(PANI)因具有柔韧性,在相变材料发生体积变化时支撑材料也随之发生膨胀收缩。微胶囊状复合相变材料不仅可避免液体泄漏,在相变过程中还可吸收或释放大量的热量。根据相变材料在相变过程中的体积变化,我们可以把复合相变材料应用于温度传感器,把外界温度从室温加热至 90 ℃,再次冷却至室温,从复合相变材料相变过程中发生热膨胀收缩来观察导热及导电能力。制备聚苯胺(PANI)为支撑材料的复合相变材料时,加入石墨烯或碳纳米管等碳基材料,其分散在囊壁表面形成具有一定导电能力的复合相变材料[11,12]。显然,这些复合相变材料在相变过程中导电能力发生极大的变化,扩大了相变过程的应用领域。与此同时,支撑材料为无机盐制备微胶囊结构的复合相变材料也有一定的研究进展。相比于有机支撑材料,无机盐具有更高的导热能力、机械强度以及阻燃性能。因此,无机盐封装的复合相变材料有着较高的传热特性,在相变过程中有效转化相变储能。近期研究中,使用不同的乳化剂来制备无机盐支撑的复合相变材料受到一定的关注,即加入苯乙烯-马来酸酐共聚物(SMA)、十二烷基硫酸钠(SDS)以及十二烷基苯磺酸钠(SDBS)三种乳化剂,并加入氯化钙($CaCl_2$)和碳酸钠(Na_2CO_3)及石蜡来制备微胶囊状的复合相变材料[13]。复合相变材料的结构组成见表 2-2-3。

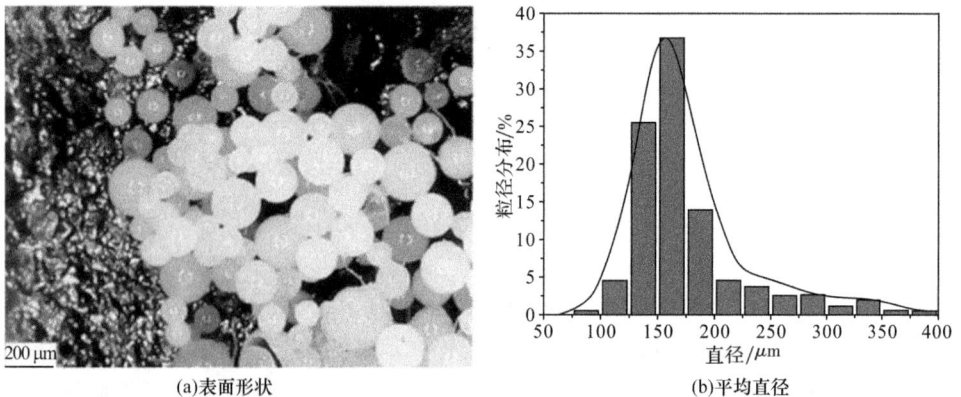

(a)表面形状   (b)平均直径

图 2-2-7 复合相变材料

表 2-2-3　　　　　　　　　复合相变材料的结构组成

材料名称	乳化剂	pH(石蜡乳液)	CaCl$_2$：石蜡(质量比)
SMA-7	SMA	7	1：2
SDS-7	SDS	7	1：2
SDBS-7	SDBS	7	1：2
SMA-1	SMA	1	1：2
SMA-4	SMA	4	1：2
SMA-10	SMA	10	1：2

从表中可以看出,氯化钙(CaCl$_2$)和石蜡的质量比为 1：2,在不同 pH 环境下考察苯乙烯-马来酸酐共聚物(SMA)乳化效果。该聚合首先将把石蜡和乳化剂放入 60 ℃的蒸馏水中进行搅拌,将其形成乳状液。等搅拌均匀后,加入氯化钙(CaCl$_2$)和碳酸钠(Na$_2$CO$_3$)溶液再次进行强力搅拌。在乳液中氯化钙(CaCl$_2$)和碳酸钠(Na$_2$CO$_3$)发生化学反应生成碳酸钙(CaCO$_3$)沉淀;在搅拌并蒸发溶剂的过程中,碳酸钙(CaCO$_3$)沉淀逐渐覆盖球状石蜡,最终生成以碳酸钙(CaCO$_3$)为支撑材料的微胶囊状复合相变材料。显然,制备的复合相变材料在相变过程中不发生液体泄漏,导热性能也随之发生变化。图 2-2-8所示为石蜡、碳酸钙(CaCO$_3$)和复合相变材料的导热系数。因有机相变材料的导热能力很差,石蜡的导热系数仅为 0.126 W/(m·K);复合相变材料的导热系数普遍高于0.650 W/(m·K),与石蜡相比增大 3 倍以上。可见,以金属无机盐为支撑材料的复合相变材料在相变传热以及高温条件下的相变储能应用等具有很大的利用价值。

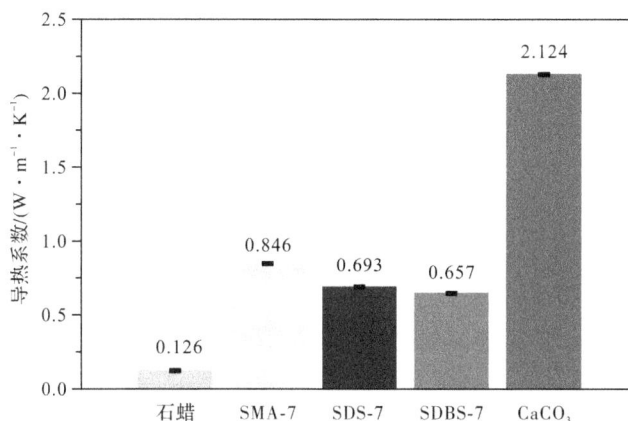

图 2-2-8　石蜡、碳酸钙(CaCO$_3$)和复合相变材料的导热系数

微胶囊状复合相变材料尽管满足定形相变的各项条件,而且能利用其相变过程中产生的相变储能及体积变化等一些特性;而支撑材料在复合相变材料中的占比较高,复合相变材料的相变储能与相应的相变材料储能相比差距较大,相变潜热损失比较严重。尽量减小支撑材料的占比,确保复合相变材料在相变过程中保持原有形状,避免发生液体泄漏,逐渐成为制备复合相变材料新的趋势。相变材料,尤其是固-液相变材料在加热情况下发生液体相变,相变材料开始出现流动性。限制相变材料的流动性,使用氧化石墨烯

(GO)等作为支撑材料制备具有定形结构的复合相变材料。因氧化石墨烯(GO)为层状结构,夹层间产生的毛细管力会有效阻止相变材料的流动,在相变过程中不发生泄漏现象。此外,聚乙二醇(PEG)与氧化石墨烯(GO)的官能团之间产生氢键效应,进一步提高了定形相变能力。氧化石墨烯(GO)支撑的复合相变材料通常用液体相变材料与支撑物体混合并强力搅拌的方法来制备。这些复合相变材料与微胶囊状相比具有更高的相变潜热,相变材料占比的增大使该复合相变材料在相变过程中吸收大量的热量并有效转化为相变储能,能源转换效率也随之增大。然而,支撑材料的均匀分散能力有限,加上相变材料的物理性质不同,制备的复合相变材料经常发生局部泄漏,影响其实际应用。在多种支撑材料的研究进展之下,出现了以多孔性结构物体为支撑材料,通过浸渍法制备复合相变材料的新方法。为了检验多孔性材料对定形相变的作用,Zhang 等[14]使用泡沫碳(CF)合成了超薄介孔表面的泡沫碳(UMSCF),将其合成的多孔性泡沫碳作为支撑材料。有机相变材料选为硬脂酸(SA),渗透多孔性支撑材料形成泡沫碳支撑的复合相变材料。根据碳化温度的不同,超薄介孔表面的泡沫碳(UMSCF)被标注为 UMSCF-1200,UMSCF-1400,UMSCF-1600,UMSCF-1800[数字代表合成时的温度(℃)]。泡沫碳的孔隙率及开孔率的计算公式分别为

$$孔隙率 = 1 - \frac{D^*}{D_P} \times 100\% \tag{2-1}$$

$$开孔率 = \frac{D_S}{D_P} \times 100\% \tag{2-2}$$

式中 D^* ——堆积密度;

D_S ——骨架密度;

D_P ——样品密度。

表 2-2-4 列出了多孔支撑材料的物理特性。

表 2-2-4　　　　　　　　多孔支撑材料的物理特性

材料名称	堆积密度/(g·cm^{-3})	孔隙率/%	开孔率/%	室温导电率/(S·cm^{-1})
CF	0.385	73.12	89.94	5.77
UMSCF-1200	0.391	72.26	90.31	6.51
UMSCF-1400	0.382	73.05	92.25	5.82
UMSCF-1600	0.367	75.49	93.87	5.67
UMSCF-1800	0.361	75.75	91.07	7.59

虽然 1 800 ℃时合成的泡沫碳具有最高的孔隙率,但其内部结构受到一定程度的损坏,制备复合相变材料有所阻碍。因此,制备复合相变材料中使用 UMSCF-1600 多孔性支撑材料,并观察其相变过程中的定形能力。相变材料的定形测试结果如图 2-2-9 所示。与硬脂酸(SA)和泡沫碳支撑的复合相变材料相反,UMSCF-1600 支撑的复合相变材料不发生泄漏现象,保持原有形状。由此可见,UMSCF-1600 多孔性支撑材料可以收容大量的相变材料,并且保持相变材料的物理特性,提高了复合相变材料的相变储能能力。

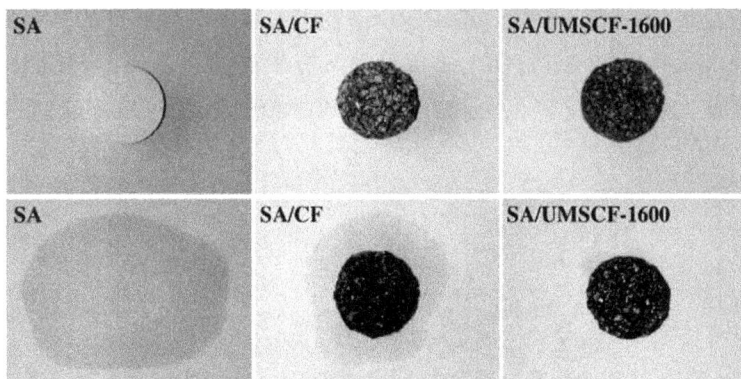

图 2-2-9　相变材料的定形测试结果

从复合相变材料的研究进展中可以看出,目前普遍使用的相变材料为固-液有机相变材料,并且保持形状的支撑材料由当初的微胶囊状逐渐发展为高孔隙率的多孔性泡沫,甚至是气凝胶材料。结合常用的相变材料与多孔性支撑材料不仅使制备方法得到改善,而且在实际应用中也有着巨大的发展前景。

2.3　常见的复合相变材料

随着相变材料的应用越来越多,复合相变材料已可以用封装、微胶囊状及多孔性渗透等多种方式来制备。根据复合相变材料的研究进展我们得知,最适合制备定形高相变储能的相变材料为固-液有机相变材料。理想结构的有机相变材料应满足高相变潜热及储热密度,在相变过程中发生微小的体积变化,相变循环能力较强,热稳定性强,无毒,经济成本低等各项条件[15]。因有机相变材料基本符合相变材料的理想化条件,故通常将它与支撑材料混在一起制备定形有机相变材料。然而,低导热性能影响有机相变材料的相变储能效率,阻止其相变储能的广泛应用。改善导热性能及相变过程中保持原有形状成为制备复合相变材料最必要的两项条件,可保证在相变储能效率高的情况下与外界环境进行有效的热能转换。制备复合相变材料中经常使用石蜡、聚乙二醇(PEG)以及脂肪酸三种有机相变材料。石蜡是由直链结构的正烷烃所组成的混合物,其结构式为 CH_3—$(CH_2)_n$—CH_3。根据分子量的不同,石蜡的相变温度及相变潜热也发生改变,在适当的温度环境下均可发生相变并吸收或释放大量的热能。聚乙二醇(PEG)为两端含有羟基的线性高分子,其化学式为 HO—CH_2—(CH_2—O—CH_2—$)_n$—CH_2—OH。如同石蜡,聚乙二醇(PEG)分子量的增大导致其物理性质发生改变,不同分子量的聚乙二醇(PEG)可应用于多种条件下的热量转换。此外,聚乙二醇(PEG)的羟基官能团与氧化石墨烯(GO)等外接材料发生氢键效应,可有效防止相变时发生液体泄漏。与聚乙二醇(PEG)结构不同,脂肪酸为含有羧基的有机相变材料,化学式为 CH_3—$(CH_2)_n$—COOH。从化学结构来判断,随着碳原子的增加,脂肪酸的相变温度也逐渐提高,相变潜热也发生一定程度的变化。显然,由石蜡、聚乙二醇(PEG)以及脂肪酸为相变材料的复合相变材料是目前最常用的有机材料(图 2-3-1),加上支撑材料具有较高的导热能力,复合相变材料在相变过程中充分吸收外界热量转化为相变储能,同时释放大量的相变储能达到能量转换效果。

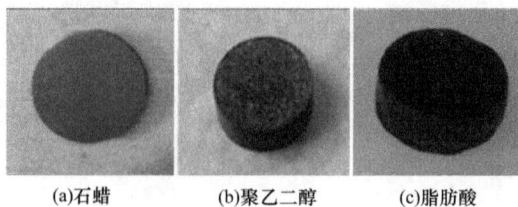

(a)石蜡   (b)聚乙二醇   (c)脂肪酸

图 2-3-1　石蜡[16]、聚乙二醇[17]、脂肪酸[18]复合相变材料

2.4　复合相变材料的相变储能

2.3 节主要介绍了石蜡、聚乙二醇(PEG)以及脂肪酸三种常用的相变材料。这三种相变材料在相变过程中均反复吸收、储存和释放大量的热量且都具有相当大的储热能力。随着碳原子的增加,石蜡的熔点(T_m)也逐渐变高,可见分子间的取向力使石蜡的物理性质发生微弱的改变。石蜡在相变过程中吸收的熔化相变焓(ΔH_m)见表 2-4-1。与熔点(T_m)变化不同,石蜡的熔化相变焓(ΔH_m)跟碳原子数不成正比,正十二烷具有 216 kJ/kg 的高熔化相变焓(ΔH_m),高于正二十八烷的 202 kJ/kg。尽管如此,石蜡在相变过程中仍然保持较高的吸收储热能。聚乙二醇(PEG)的相变特性见表 2-4-2。显然,聚乙二醇(PEG)因分子量的增加而导致熔点(T_m)和冷却温度(T_c)发生变化。分子量超过 4 000 的聚乙二醇(PEG)存在着相似的熔化相变焓(ΔH_m)和冷却相变焓(ΔH_c),具有稳定的高相变储能能力。如同石蜡,脂肪酸的相变特性也随着碳原子的增加而发生改变。然而,根据碳原子数脂肪酸的命名分为 IUPAC 和公用名(表 2-4-3)。其中,月桂酸、肉豆蔻酸及硬脂酸是最为常用的脂肪酸相变材料。硬脂酸的熔化相变焓(ΔH_m)普遍高于 160 kJ/kg,可见它在相变过程中吸收大量的外界热量。

表 2-4-1　　　　　　　　　　　石蜡(碳原子数为 12～28)的相变特性

石蜡	化学式	$M/(\text{g} \cdot \text{mol}^{-1})$	$T_m/℃$	$T_c/℃$	$\Delta H_m/(\text{kJ} \cdot \text{kg}^{-1})$
正十二烷	$CH_3(CH_2)_{10}CH_3$	170.3	-10	-16	216
正十三烷	$CH_3(CH_2)_{11}CH_3$	184.4	-5	-9	160
正十四烷	$CH_3(CH_2)_{12}CH_3$	198.0	5～6	0	227
正十五烷	$CH_3(CH_2)_{13}CH_3$	212.0	10	5	205
正十六烷	$CH_3(CH_2)_{14}CH_3$	226.0	18～19	17	237
正十七烷	$CH_3(CH_2)_{15}CH_3$	240.0	22	22	171

（续表）

石蜡	化学式	$M/(\text{g} \cdot \text{mol}^{-1})$	$T_m/℃$	$T_c/℃$	$\Delta H_m/(\text{kJ} \cdot \text{kg}^{-1})$
正十八烷	$CH_3(CH_2)_{16}CH_3$	254.0	28	25	242
正十九烷	$CH_3(CH_2)_{17}CH_3$	268.0	32~33	27	222
正二十烷	$CH_3(CH_2)_{18}CH_3$	282.0	36~37	31	247
正二十一烷	$CH_3(CH_2)_{19}CH_3$	296.0	39~41	32	201
正二十二烷	$CH_3(CH_2)_{20}CH_3$	310.0	42~45	43	157
正二十三烷	$CH_3(CH_2)_{21}CH_3$	324.0	48.9	51	142
正二十四烷	$CH_3(CH_2)_{22}CH_3$	338.0	50~51	48~49	160
正二十五烷	$CH_3(CH_2)_{23}CH_3$	352.0	54	47	164
正二十六烷	$CH_3(CH_2)_{24}CH_3$	366.0	56	53~54	255
正二十七烷	$CH_3(CH_2)_{25}CH_3$	380.0	59	53	159
正二十八烷	$CH_3(CH_2)_{26}CH_3$	394.0	61	54	202

表 2-4-2　　　聚乙二醇(PEG)(平均分子量为 400~20 000)的相变特性

$M/(\text{g} \cdot \text{mol}^{-1})$	$T_m/℃$	$\Delta H_m/(\text{kJ} \cdot \text{kg}^{-1})$	$T_c/℃$	$\Delta H_c/(\text{kJ} \cdot \text{kg}^{-1})$
400	3.2	91.4	−24	85~86
600	22.2	108.4	−7	116
1 000	32.0	149.5	28	140
1 500	46.5	176.3	39~40	169
2 000	51.0	181.4	35	168
3 400	56.6	174.1	29	159
4 000	59.7	189.7	22	167
6 000	64.8	189.0	33	161
10 000	66.0	189.6	38	167
20 000	68.7	187.8	38	161

表 2-4-3　　　固-液脂肪酸(碳原子数为 4~23)的相变特性

化学式	IUPAC	公用名	$T_m/℃$	$\Delta H_m/(\text{kJ} \cdot \text{kg}^{-1})$
$CH_3(CH_2)_2COOH$	正丁酸	丁酸	−5.6	126
$CH_3(CH_2)_4COOH$	正己酸	己酸	−3	131
$CH_3(CH_2)_6COOH$	正辛酸	辛酸	16~17	148~149
$CH_3(CH_2)_8COOH$	正癸酸	癸酸	30~32	153~163
$CH_3(CH_2)_{10}COOH$	正十二烷酸	月桂酸	41~44	178~183
$CH_3(CH_2)_{11}COOH$	正十三烷酸	十三酸	41.4	154
$CH_3(CH_2)_{12}COOH$	正十四烷酸	肉豆蔻酸	49~58	167~205
$CH_3(CH_2)_{13}COOH$	正十五烷酸	十五酸	52~53	178

化学式	IUPAC	公用名	T_m/℃	ΔH_m/(kJ·kg^{-1})
$CH_3(CH_2)_{14}COOH$	正十六烷酸	棕榈酸	61～64	186～212
$CH_3(CH_2)_{15}COOH$	正十七烷酸	珍珠酸	60	172.2
$CH_3(CH_2)_{16}COOH$	正十八烷酸	硬脂酸	65～70	196～253
$CH_3(CH_2)_{17}COOH$	正十九烷酸	十九酸	67	192
$CH_3(CH_2)_{18}COOH$	正二十烷酸	花生酸	—	—
$CH_3(CH_2)_{19}COOH$	正二十一烷酸	二十一酸	73～74	193
$CH_3(CH_2)_{21}COOH$	正二十三烷酸	二十三酸	79	212

从固-液相变过程中吸收或释放的热量称为相变潜热储能（LHS）。储存容量的相关计算公式为

$$Q = \int_{T_i}^{T_m} mC_p dT + ma_m\Delta h_m + \int_{T_m}^{T_f} mC_p dT \qquad (2\text{-}3)$$

$$Q = m[C_{sp}(T_m - T_i) + a_m\Delta h_m + C_{lp}(T_f - T_m)] \qquad (2\text{-}4)$$

可见，蓄热总量（Q）为从最初温度（T_i）至熔点（T_m）之间吸收或释放的热量，相变过程时吸收或释放的相变储能，且熔点（T_m）至最终温度（T_f）之间吸收或释放的热量之和。此外，我们还可以发现相变过程时吸收或释放的相变储热能与相变材料（储热介质）质量是成正比的。含有支撑材料的复合相变材料的相变焓为

$$\Delta H_{CPCMS} = \Delta H_{PCM} \cdot \eta \qquad (2\text{-}5)$$

显然，复合相变材料的相变焓（ΔH_{CPCMS}）与相变材料的百分比（η）成正比，复合相变材料中相变材料的占比越大，其相变焓越高。为了提高复合相变材料的储热能力及传热效率，选择比热容较大的相变材料，且减小支撑材料的占比则对提高相变储能能力或者是热电转换效率具有重大的意义。使用多孔性支撑材料，提高支撑材料的导热能力成为制备复合相变材料最适合的方法，既可以充分发挥相变材料的储热特性，也可以在热能转换中提高其应用价值。

2.5　热能转换领域中相变储能的潜在应用

保持原有的形状和较高的相变储能成为制备复合相变材料最基本的两项条件。有关相变储能的应用，特别是在相变过程中发生的热能转换引起了研究人员越来越多的关注。热能转换主要是利用复合相变材料的相变储能，将其充分转化为电能及机械能。显然，复合相变材料在温差发电技术领域存在着极大的发展空间。一般来讲，复合相变材料具有固-液相变过程，且在相变过程中接近恒温状态。也就是说，在热能转换中使用复合相变材料，在相变过程中发生温差发电可视为最有实际价值。从一开始的恒温相变产生的温差发电，到现在的太阳能转换，相变储能的应用也趋于多样化，甚至是智能化。最常用的方法为温差发电装置的热端放置复合相变材料，用散热片连接在冷端加快散热。在外

界温度发生变化导致复合相变材料发生相变并吸收大量外界热量的同时保持接近恒温过程,让温差发电装置提供稳定的热电转换;在冷却过程中同样发生相变放热并保持长时间的恒温热电转换。然而,在温差发电系统仍被放置在外界环境的情况下,散热片的作用会受到阻碍,吸收外界温度导致冷端温度超过相变材料连接的热端温度,会引起倒流甚至出现泄漏电流。为了更加靠近实际应用,热能转换采用两种不同的相变材料,且这些相变材料具有较大的相变温差,这样即使外界温度发生变化,相变材料所连接的温差发电系统仍可以持续发生热能转换产生电能。尽管这些研究还处于实验阶段,但智能控制热能转换在不远的将来会有极为广泛的应用。至于太阳能的热能转换,相变储能的价值就高于其他外界温度条件下的热能转换。作为可再生能源,太阳能是在地球表面,甚至在太空中完全可以被利用并转换的外来能源。由石墨烯等碳基材料所组成的复合相变材料,可以有效吸收太阳能,实现太阳能-热能-电能的能源转换。吸收太阳光并转化为相变储能的转换效率 θ 的计算公式为

$$\theta = \frac{m' \Delta H_{\mathrm{CPCMS}}}{LA(t_i - t_f)} \tag{2-6}$$

式中　m'——复合相变材料的质量,其相变焓为 $\Delta H_{\mathrm{CPCMS}}$;

$\quad\quad t_i$——吸收太阳光产生复合相变材料的开始时间;

$\quad\quad t_f$——吸收太阳光产生复合相变材料的终止时间;

$\quad\quad L$——太阳光强度;

$\quad\quad A$——接触太阳光的表面积。

不难看出,复合相变材料被放置在太阳辐射高的外界环境之下,导致相变材料的吸热能力变高,相变持续时间将大幅缩短。与此相反,在一定的太阳辐射范围内,不会对复合相变材料的相变持续时间造成很大影响,相变持续时间的增大也可能降低吸收太阳光的储能效率,即阻碍相变储能的充分应用。总的来说,相变储能在热能转变领域中具有很大的发展前景,在外界热能的吸收应用以及太阳能发电等方面都存在着实际性应用价值。

第3章

气凝胶对复合相变材料的作用

3.1 概 述

3.1.1 气凝胶的分类

制备复合相变材料的研究进展表明,保持复合相变材料的定形相变逐渐由多孔性材料来取代。其中,气凝胶支撑的复合相变材料可以极大地提高相变材料的占比,相变焓(ΔH)的增大使复合相变材料在相变过程中吸收或释放更多的热能。气凝胶是指用一定的干燥方法使凝胶中充满气体的多孔性纳米材料,这些气凝胶具有以下两个特征[19]:

(1)结构特征:凝胶状,通常由纳米级固体框架和气孔组成;分层或分形微观结构(可以共存形成更大的微观结构);不规则交联状;由非晶体组成。

(2)性质特征:低热导率;低模量;低折射率;低介电常数;慢声速;高比表面积;低相对密度;高孔隙率。

从特征上我们可以看出,并非所有类型的轻泡沫都属于气凝胶。例如,超轻金属微晶格因不具有凝胶状分形微观结构,故不属于气凝胶。按照基体的化学性质,气凝胶可以分为无机气凝胶、有机气凝胶、混合气凝胶以及复合气凝胶等类型。

无机气凝胶主要包括石墨烯气凝胶和二氧化硅气凝胶,它们具有多维网络结构,孔隙率高于 90%,如图 3-1-1 所示。石墨烯气凝胶主要从合成氧化石墨烯(GO)开始,再还原氧化石墨烯而成功制备出石墨烯气凝胶。二氧化硅气凝胶则通过表面改性,采用常压干燥法来制备。

有机气凝胶主要由醛系(间苯二酚-甲醛,如图 3-1-2 所示)及聚合物气凝胶组成。与无机气凝胶不同的是有机气凝胶依据干燥方法的不同有不同的表述,其超临界干燥制备的多孔性材料被称为气凝胶。一般通过溶胶-凝胶法生产且干燥水凝胶制备有机气凝胶。有机气凝胶尽管具有高孔隙率及柔韧性,但存在制备过程较为复杂、有一定的副产物等问题。

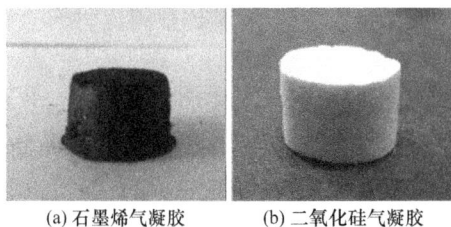

(a) 石墨烯气凝胶　　　　　(b) 二氧化硅气凝胶

图 3-1-1　石墨烯气凝胶[20]及二氧化硅气凝胶[21]

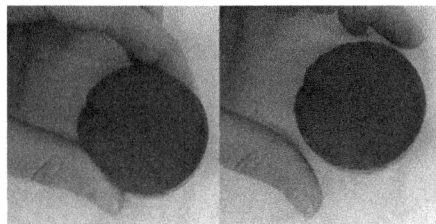

图 3-1-2　间苯二酚-甲醛气凝胶

为了改善气凝胶的综合性能,通过混合无机气凝胶和有机气凝胶(或者混合有机气凝胶)来制备出混合气凝胶。混合气凝胶既可同时具有组成物质的所有特性,又增加了气凝胶的各项功能。相反,复合气凝胶是由两种或两种以上不同性质的材料(如聚合物和金属)制成的。复合气凝胶的一种材料可形成一种基体或连续相,其他材料则形成分散相。从气凝胶的特性中可以看出,高孔隙率是气凝胶最常用的特性,利用其高孔隙率装满相变材料,不仅能防止相变材料在相变过程中产生的泄漏现象,而且能制备出高相变焓的复合相变材料。

3.1.2　气凝胶在复合相变材料中的应用

从气凝胶的相关特性中可以看出,高孔隙率使气凝胶有充分的内部空间来填装相变材料。当然,气凝胶支撑的复合相变材料已成为最常用的相变储能材料,利用其高相变焓吸收大量的外界热量转化为相变储能,达到定形相变效果,提高相变储能效率和可循环性。无机气凝胶因具有稳定的化学性能、简便的制备方式而成为复合相变材料中应用最为广泛的支撑材料。复合相变材料的制备则采用浸渍法(图 3-1-3),即把气凝胶放置于液体相变材料中,使其渗透进入气凝胶的内部空间,形成稳定的复合相变材料。

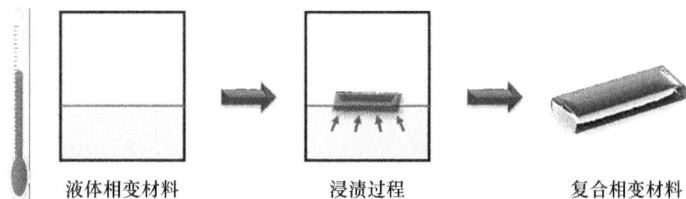

液体相变材料　　　　　浸渍过程　　　　　复合相变材料

图 3-1-3　浸渍法制备复合相变材料的流程

在无机气凝胶的应用研究中,Liu 等[22]以二氧化硅气凝胶作为支撑材料制备了稳定的复合相变材料。该研究使用聚乙二醇(PEG)和正十八醇两种相变材料,通过浸渍法制得两种不同的复合相变材料。为了验证复合相变材料的定形特性,将原有的相变材料和新型复合相变材料放置在一起,从室温开始加热至相变材料全部熔化为液体(图 3-1-4),并观察复合相变材料的形状变化。从图中可以发现,聚乙二醇(PEG)和正十八醇受热之后完全发生固-液相变,而二氧化硅气凝胶封装的复合相变材料则保持原有的形状。由于二氧化硅气凝胶具有高孔隙率,气孔间存在着表面张力,因此渗透到气凝胶的相变材料完全停留在气凝胶内部空间,避免了复合相变材料在相变过程中发生液体泄漏。

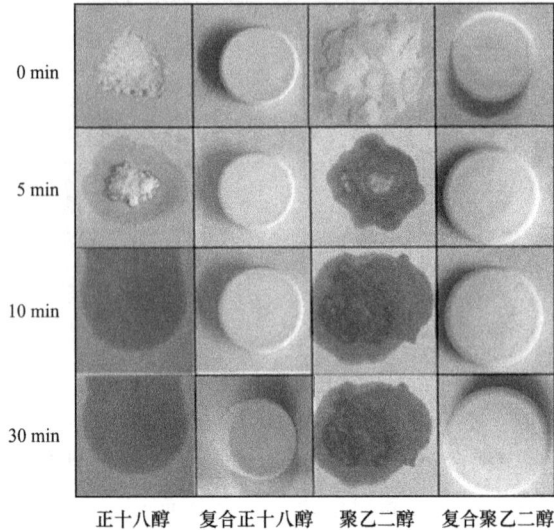

图 3-1-4 相变材料的定形相变特性

图 3-1-5 为气凝胶、相变材料以及复合相变材料的 X 射线衍射图(XRD)。从数据图中先判断出二氧化硅气凝胶为无定形体,且聚乙二醇(PEG)和正十八醇的复合相变材料都具有相同的特征峰,并不出现新的特征峰。由此可见,在制备复合相变材料的过程当中,相变材料与支撑气凝胶之间只发生物理性质改变,没有发生任何化学反应。X 射线衍射图(XRD)可以证明二氧化硅气凝胶与相变材料形成稳定的复合相变材料,而且能长期循环使用相变材料的相变储能。

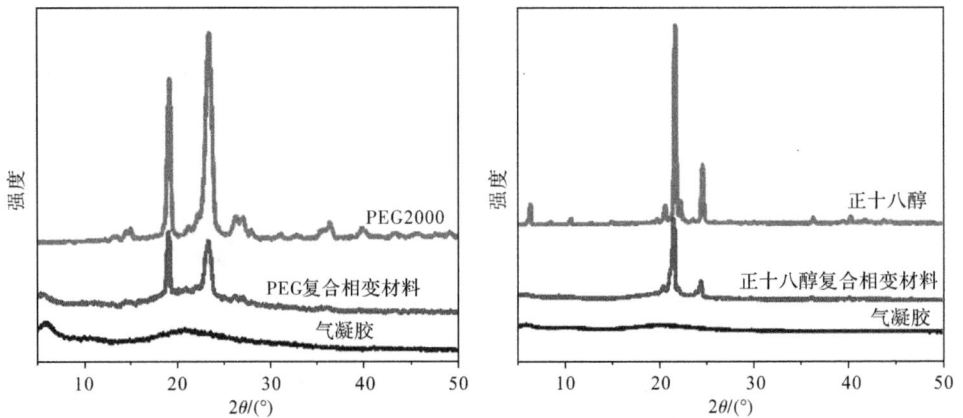

图 3-1-5 聚乙二醇(PEG)、正十八醇、二氧化硅气凝胶以及聚乙二醇(PEG)、
正十八醇复合相变材料的 X 射线衍射结果(XRD)

对于复合相变材料而言,除了在相变过程中不发生泄漏现象之外,确保反复循环使用性也是极其重要的。常用的有机相变材料都具有稳定的化学性能,一般情况下不易与周边材料发生化学反应。然而,支撑材料中的官能团或自由基等很可能与相变材料产生化学反应而失去原有的相变储能能力。因此,我们筛选气凝胶作为支撑材料时,首先要判断支撑材料的化学性质,是否影响相变材料的结构特性。二氧化硅及一些有机气凝胶如聚乙烯醇(PVA)[23]均可以与相变材料形成稳定的复合相变材料,确保较高的相变储能,极大地提高热能转换效率。

3.1.3 石墨烯气凝胶的应用

人们利用二氧化硅等一系列气凝胶成功制备出定形相变材料,同时在相变过程中吸收或释放大量的热能。然而,随着复合相变材料的增加以及外界环境的改变,支撑材料逐步由石墨烯气凝胶来取代并制备稳定的复合相变材料。相比于其他支撑材料,石墨烯具有高机械强度、稳定的化学性质和吸附能力,在定形相变领域有着巨大的应用价值。气凝胶的导热系数较低,通常为阻热剂,加入金属粉末或碳纳米管均能改变石墨烯气凝胶的物理特性,极大地提高石墨烯气凝胶的应用范围。石墨烯气凝胶一般是采用冷冻干燥法,除去气凝胶中的溶剂而制得的,方法简便且在一定程度上减少了气凝胶的破裂问题。对于复合相变材料的热能转换而言,石墨烯气凝胶主要具有两种作用:其一是增大支撑材料,使其吸收更多的相变材料形成高相变储能的复合相变材料。显然,相变材料的含量决定了复合相变材料的储热及放热能力,加上表面积的增大可以充分提高对外界的能量转换效率。其二是吸收太阳光并转变成热能,实现能源转换。因碳基材料具有良好的光吸收能力(图 3-1-6),石墨烯气凝胶支撑的复合相变材料在太阳光下同时进行太阳能-热能和热能-相变储能两种能源转换。

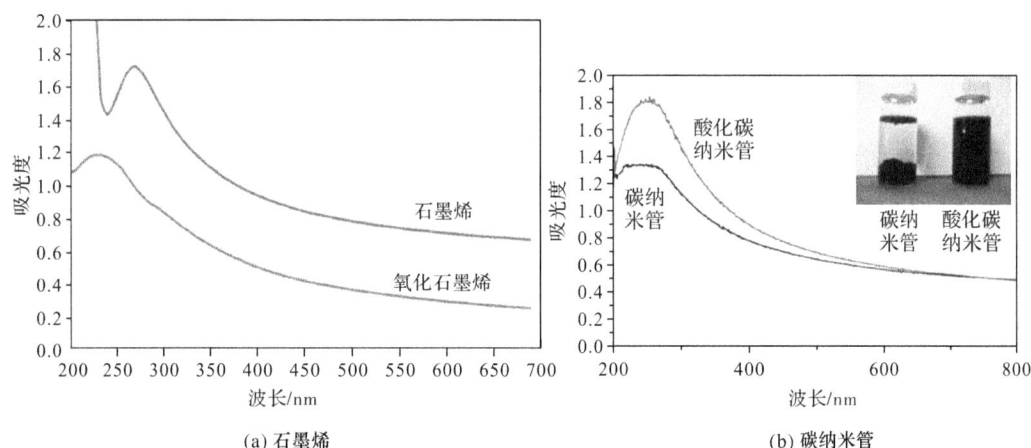

(a) 石墨烯

(b) 碳纳米管

图 3-1-6 碳基材料石墨烯[24]和碳纳米管[25]的 UV-Vis 光谱图

由此可见,碳基材料制造的气凝胶在制备复合相变材料领域中存在着重大的作用,尤其是以氧化石墨烯(GO)来制备的石墨烯气凝胶具有高孔隙率,可以装满大量的有机相变材料。由于石墨烯气凝胶的气孔间存在毛细管力,不仅可有效吸收液体相变材料,而且在吸收后可稳定保持相变材料的原有形状,避免发生相变材料的泄漏现象。此外,在吸收太阳能并转换为相变储能的应用方面,石墨烯气凝胶可同时弥补有机相变材料导热能力差的缺陷,在外界环境下充分吸收太阳能实现能源转换。显然,石墨烯气凝胶在复合相变材料的制备有着巨大的应用价值,同时可极大地提高复合相变材料在相变储能转换中的实际作用。

3.2 石墨烯气凝胶的制备

3.2.1 氧化石墨烯的制备

石墨烯气凝胶通常分三个阶段来制备,即氧化石墨烯(GO)的制备、氧化石墨烯气凝胶的制备以及还原氧化石墨烯气凝胶。其中,采用改进的 Hummers 法[26]来制备氧化石墨烯(GO)。对于氧化石墨烯气凝胶的制备来说,氧化石墨烯(GO)是必不可少的因素,甚至对复合相变材料的特性也产生一定程度的影响。氧化石墨烯(GO)的制备首先从研磨石墨粉开始,收集一定大小(45～75 μm)的石墨粉。为了增大石墨粉的氧化效率,应对研磨石墨粉采取预氧化处理,在研磨石墨粉中加入过硫酸钾、五氧化二磷及浓硫酸并放置一段时间使它们充分混合。然后,在石墨粉混合物中加入过量的蒸馏水并进行过滤,干燥获得预氧化石墨粉。顺利完成石墨粉的预氧化处理之后,开始放入高锰酸钾和浓硫酸进行氧化(图 3-2-1)。

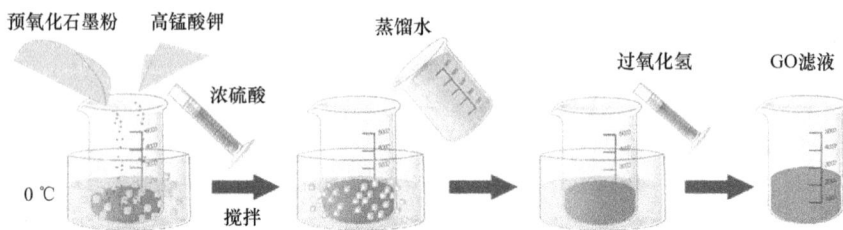

图 3-2-1 氧化石墨烯(GO)的制备流程

由于加入高锰酸钾和浓硫酸进行氧化时产生大量的热量,将其混合物放置在水槽里防止发生沸腾。等到反应充分进行之后,加入过量的蒸馏水(缓慢操作)并加入适当的过氧化氢进行中和反应。此时,我们可以看出混合溶液颜色转变成黄色,证明成功合成了氧化石墨烯(GO)。为了得到粉末状的氧化石墨烯(GO),将混合溶液中加入蒸馏水不断进行稀释,并通过离心分离法除掉溶液中的酸性物质。最后,将氧化石墨烯(GO)溶液进行冷冻干燥,除去所有的溶剂,制得黄色粉末状的氧化石墨烯(GO)。图 3-2-2 所示为冷冻干燥后的氧化石墨烯(GO)粉末,不难看出氧化石墨烯(GO)粉末都凝聚在一块,且具有一定的黏性及吸水性。因具有很多含氧官能团,氧化石墨烯(GO)之间也能产生氢键,且吸收水分生成结晶水。结晶水的浓度不同,直接关系到氧化石墨烯(GO)的物理性能,尤其是制备石墨烯气凝胶时影响其立体结构的稳定。

图 3-2-2 氧化石墨烯(GO)粉末

3.2.2 氧化石墨烯气凝胶的制备

相比于纯石墨烯,氧化石墨烯(GO)具有很多亲水基官能团,在水溶剂中更容易分散形成稳定的分散相。因此,制备石墨烯气凝胶时首先使用氧化石墨烯(GO)来形成气凝胶结构,将其制备为石墨烯气凝胶。通常把氧化石墨烯(GO)粉末加入蒸馏水并采用超声波破碎法制得其分散水溶液。根据氧化石墨烯(GO)机械强度及氢键效应来判断,生成的氧化石墨烯气凝胶大小一般为 2 cm×2 cm(或直径为 2 cm),受到一定程度的限制。为了制备更大尺寸的氧化石墨烯气凝胶,需要加入填料来提高石墨烯的机械强度。石墨烯纳米薄片(GNP)具有高机械强度,在氧化石墨烯(GO)水溶液中吸附于氧化石墨烯(GO)表面,进一步增强石墨烯芳香环之间的 π-π 堆积作用,连接氧化石墨烯(GO)的层状结构而形成更加稳定的分散相。制备含有石墨烯纳米薄片的氧化石墨烯气凝胶(GO/GNP 气凝胶)的流程如图 3-2-3 所示。

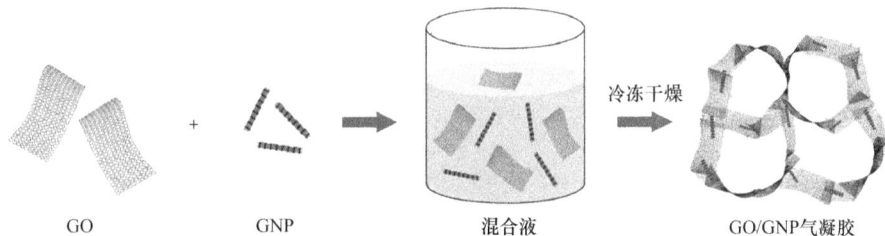

GO   GNP   混合液   GO/GNP气凝胶

冷冻干燥

图 3-2-3 制备氧化石墨烯/石墨烯纳米薄片(GO/GNP)气凝胶的流程

氧化石墨烯(GO)与石墨烯纳米薄片可以用不同的比例来进行混合,在水溶液中分散均匀之后,通过冷冻干燥法来制得氧化石墨烯/石墨烯纳米薄片(GO/GNP)气凝胶。在石墨烯纳米薄片(GNP)的作用之下,成功制备出 4 cm×4 cm 的氧化石墨烯气凝胶,其立体结构如图 3-2-4 所示。该气凝胶呈黑、黄两种混杂颜色,可间接判断氧化石墨烯(GO)与石墨烯纳米薄片(GNP)在水溶液中已分散均匀,且在冷冻干燥过程中保留原有的分散结构。由于气凝胶变大,可以生成大尺寸的石墨烯气凝胶,同时能装满更多的相变材料,将其在相变过程中吸收大量的外界热量并转化为相变储能。

图 3-2-4　4 cm×4 cm 氧化石墨烯气凝胶

3.2.3　还原石墨烯气凝胶的性能分析

在复合相变材料制备中使用的石墨烯支撑材料被称为还原石墨烯气凝胶,也就是我们经常说起的石墨烯气凝胶。因氧化石墨烯气凝胶也存在很多官能团,故能在一定程度上降低气凝胶的导热及导电能力。作为一种支撑材料,气凝胶的导热能力和机械强度关系到复合相变材料的相变储能效率及长期循环使用性,还原氧化石墨烯并生成具有导热能力的支撑材料可以制备高稳定性的复合相变材料。通常使用联氨作为还原剂,在高温条件下使联氨蒸气充分分散到氧化石墨烯气凝胶表面及内部空间与官能团发生化学反应。随着这些官能团的相继消失,最后只剩下石墨烯芳香环和石墨烯纳米薄片两种结构,证明成功制得高孔隙率的石墨烯气凝胶。还原石墨烯气凝胶的立体结构如图 3-2-5 所示。与图 3-2-4 相比,还原石墨烯气凝胶为黑色固体,表明石墨烯芳香环中的官能团已被联氨除去。表 3-2-1 列举了还原石墨烯气凝胶的物理参数,从中可以看出还原石墨烯气凝胶具有高比表面积和孔隙率,因而装满大量的相变材料并形成定形相变结构[27]。此外,可使用红外光谱(FT-IR)来检测石墨烯气凝胶的特征官能团,以此来判断是否生成完整的石墨烯气凝胶(图 3-2-6)。

图 3-2-5　4 cm×4 cm 还原石墨烯气凝胶

表 3-2-1　　还原石墨烯气凝胶的物理参数

材料名称	石墨烯气凝胶
比表面积/(m² · g⁻¹)	373.95
质量/g	0.066 7
孔隙总体积/(cm³ · g⁻¹)	0.51
孔隙率/%	98.99
石墨烯纵横比	1 260.99

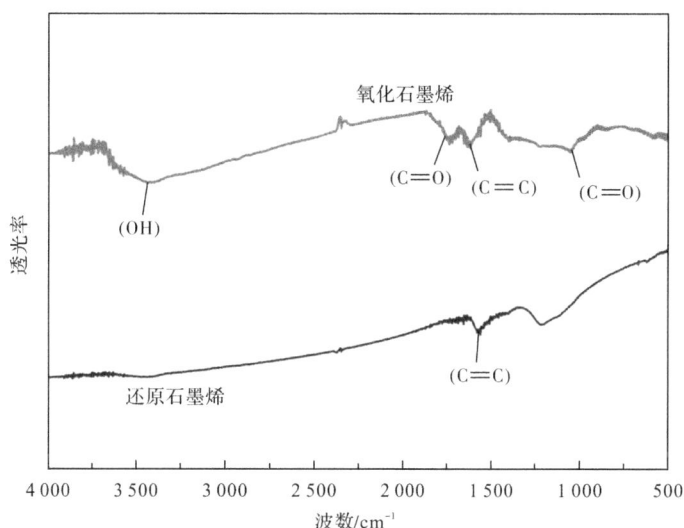

图 3-2-6　氧化石墨烯和还原石墨烯的红外光谱图

通过红外光谱的比较,我们可以看出氧化石墨烯气凝胶具有羟基(—OH)和羰基(—C＝O)等特征官能团。然而,还原石墨烯只具有石墨烯芳香环的碳碳双键结构,如此可证明氧化石墨烯气凝胶完全与联氨发生还原反应并生成完整的还原石墨烯气凝胶。既然用石墨烯气凝胶作为支撑材料,就需要判断液体相变材料对其石墨烯气凝胶的渗透能力。由于有机相变材料在液相时表现为疏水性,因此石墨烯气凝胶的疏水性越强,越能容易吸取液体相变材料。因此,测量其接触角来验证石墨烯气凝胶的疏水性。氧化石墨烯(GO)和还原石墨烯的接触角对比如图 3-2-7 所示。从图中可看出氧化石墨烯(GO)的接触角为 63°,因具有亲水官能团而表现出一定的亲水性。与此相反,还原石墨烯的接触角高达 108°,官能团的消失导致石墨烯的疏水性远胜于氧化石墨烯(GO)。根据接触角的测量结果,可以断定石墨烯气凝胶与氧化石墨烯气凝胶相比更容易吸取液体相变材料并生成高相变焓的复合相变材料。

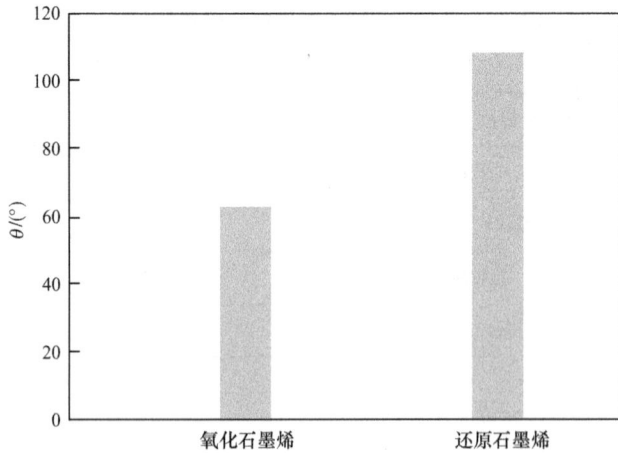

图 3-2-7　氧化石墨烯和还原石墨烯的接触角对比

3.3　复合相变材料的制备与表征

3.3.1　石墨烯气凝胶复合相变材料的制备

成功制备出石墨烯气凝胶后,可以将其当作支撑材料,并顺利制得定形结构的复合相变材料。因石墨烯气凝胶具有高孔隙率,故采用浸渍法将液体相变材料渗透到气凝胶内部空间形成复合相变材料。与微胶囊法相比,浸渍法的操作比较简单,而且能制得高相变焓的复合相变材料。图 3-3-1 所示为浸渍法制备复合相变材料的流程,先将相变材料加热转变成液相,再把石墨烯气凝胶放置在液体相变材料中。考虑到气凝胶内部存在空气,浸渍过程在真空环境下进行使相变材料充分渗透到石墨烯气凝胶的内部空间。等浸渍过程完成之后取出混合材料并在室温中冷却得到最终的复合相变材料。相变材料主要为石蜡、聚乙二醇(PEG)以及脂肪酸,这些有机相变材料在液相条件下,可以与石墨烯气凝胶生成完整的复合相变材料。图 3-3-2 所示为聚乙二醇(PEG)复合相变材料的形状及相关物性。从图中可以看出,4 cm×4 cm 聚乙二醇(PEG)复合相变材料已成功制得,且相变材料在复合相变材料中的占比高达 99.03%,表明石墨烯气凝胶能够支撑大量的相变材料,相变储能能力与微胶囊结构的复合相变材料相比也得到很大幅度的提高。

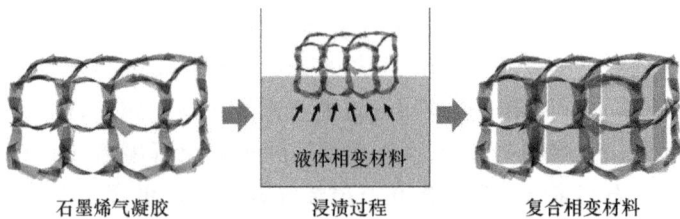

图 3-3-1　浸渍法制备复合相变材料的流程

材料名称	石墨烯气凝胶
复合相变材料质量/g	6.846 2
相变材料的占比/%	99.03

图 3-3-2　聚乙二醇(PEG)复合相变材料形状及相关物性

3.3.2　复合相变材料的结构性质

上一节讲述了以石墨烯气凝胶支撑的聚乙二醇(PEG)复合相变材料的制备及相变材料的占比。显然,高孔隙率的气凝胶可以容纳大量的相变材料,在相变过程中吸收或释放大量的热量。然而,制备出的复合相变材料是否具备定形相变性质、稳定的化学性能以及一定的导热能力直接关系到复合相变材料的实际应用。为了验证复合相变材料的定形相变特性,对聚乙二醇(PEG)复合相变材料施行加热使相变材料发生固-液相变。复合相变材料的定形相变测试结果如图 3-3-3 所示。首先在室温(25 ℃)环境下分别放置聚乙二醇(PEG)和聚乙二醇(PEG)复合相变材料,并同时将环境温度上升至 80 ℃ 来验证复合相变材料的定形相变特性。由于聚乙二醇(PEG)的熔点低于 70 ℃,温度上升至 50 ℃ 时能观察到聚乙二醇(PEG)开始发生固-液相变,出现液体泄漏。环境温度在 80 ℃ 的时候,很明显聚乙二醇(PEG)完全熔化成液体,已证实固-液相变过程彻底结束。然而,聚乙二醇(PEG)复合相变材料在环境温度的变化之中仍然保持原有形状,并未出现泄漏现象。定形相变测试结果足以证明石墨烯气凝胶支撑的复合相变材料可有效阻止液体相变材料的流动,多孔间毛细管力及表面张力使相变材料被限制在气凝胶内部空间,从而达到定形相变效果。

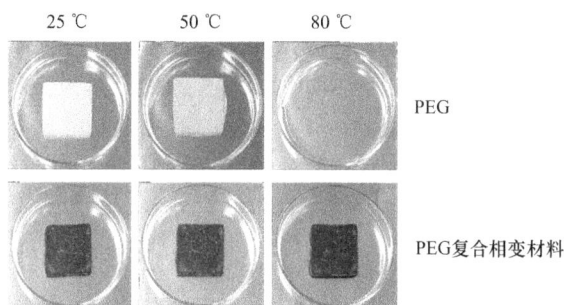

图 3-3-3　聚乙二醇(PEG)和聚乙二醇(PEG)复合相变材料定形相变测试结果

复合相变材料的长期循环使用取决于支撑材料和相变材料之间稳定的化学性能,在相变过程中不发生任何化学反应。如果相变材料发生化学变化,相变材料的相变潜热受损,直接影响到复合相变材料的相变储能能力。为了检验复合相变材料的结构特性,X 射线衍射测试结果(XRD)如图 3-3-4 所示。根据 X 射线衍射结果来判断,聚乙二醇(PEG)的特征峰在其复合相变材料中也能出现,证明聚乙二醇(PEG)与石墨烯气凝胶之间并未发生任何化学反应。聚乙二醇(PEG)复合相变材料的结果中充分反映了石墨烯气凝胶支撑的有机相变材料具有良好的定形相变特性,同时可以利用其相变过程中产生的相变储能,这在能源转换领域中具有很大的应用价值。

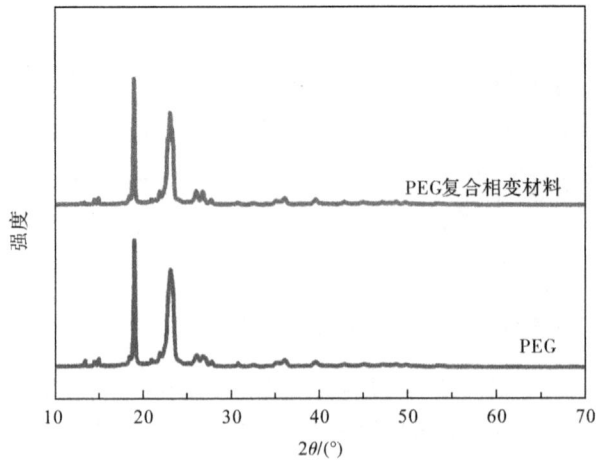

图 3-3-4　聚乙二醇(PEG)和聚乙二醇(PEG)复合相变材料 X 射线衍射图(XRD)

3.3.3　复合相变材料的储热性能

复合相变材料的相变储能关系到相变过程中的吸热或放热能力,同时也影响相变储能的转换效率。为了观察复合相变材料的储热性能,我们使用差示扫描量热仪(DSC)来测定其相变焓。聚乙二醇(PEG)及聚乙二醇(PEG)复合相变材料的差示扫描量热仪(DSC)测试结果如图 3-3-5 所示。相变材料的相变温度、相变焓见表 3-3-1。从差示扫描量热仪(DSC)测试结果来分析,聚乙二醇(PEG)复合相变材料与聚乙二醇(PEG)具有极为相似的相变特性,发生固-液相变时的温度(T_{mo})都集中在 50 ℃左右,固-液相变结束温度(T_{me})都不超过 70 ℃。同样,在冷却过程中,开始出现结晶时的温度(T_{co})都接近44 ℃,等相变材料完全转变为结晶时的温度(T_{ce})徘徊在 33 ℃。因聚乙二醇(PEG)复合相变材料中聚乙二醇(PEG)的占比超过 99％,故无论熔化相变焓(ΔH_m)还是冷却相变焓(ΔH_c)都十分接近于聚乙二醇(PEG)。由此可见,石墨烯气凝胶支撑的复合相变材料不仅完全具有相变材料的相变特性,而且在相变过程中不发生泄漏现象。

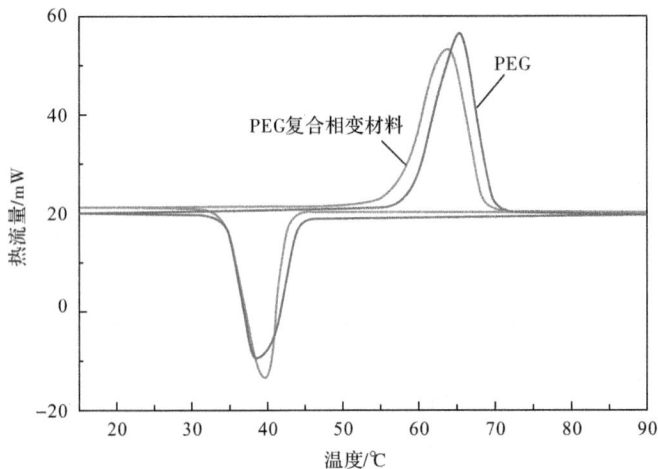

图 3-3-5　聚乙二醇(PEG)和聚乙二醇(PEG)复合相变材料差示扫描量热仪(DSC)测试结果

表 3-3-1　聚乙二醇(PEG)和聚乙二醇(PEG)复合相变材料差示扫描量热仪(DSC)测试结果

样品	$T_{mo}/℃$	$T_{me}/℃$	$T_m/℃$	$\Delta H_m/(kJ \cdot kg^{-1})$	$T_{co}/℃$	$T_{ce}/℃$	$T_c/℃$	$\Delta H_c/(kJ \cdot kg^{-1})$
PEG	50.54	68.53	65.70	180.41	43.77	33.21	38.03	164.67
PEG 复合相变材料	50.09	67.30	63.86	179.79	43.78	33.86	39.64	164.28

复合相变材料的长期循环使用性对于其复合相变材料的实际应用来说是必不可少的。为了检验复合相变材料的长期循环特性,使用差示扫描量热仪(DSC)来进行温度循环测试;测试结果如图 3-3-6 及表 3-3-2 所示。从图 3-3-6 中可以看出,聚乙二醇(PEG)复合相变材料的第 1 次温度循环和第 100 次温度循环结果都极为相似,这意味着聚乙二醇(PEG)复合相变材料在反复相变过程中始终保持原有的物理特性,同时具有良好的循环使用性。此外,从表 3-3-2 中的聚乙二醇(PEG)复合相变材料的相变焓来判断,第 100 次温度循环之后复合相变材料仍然具有高相变储能能力,说明在实际应用中可以反复使用其相变储能。

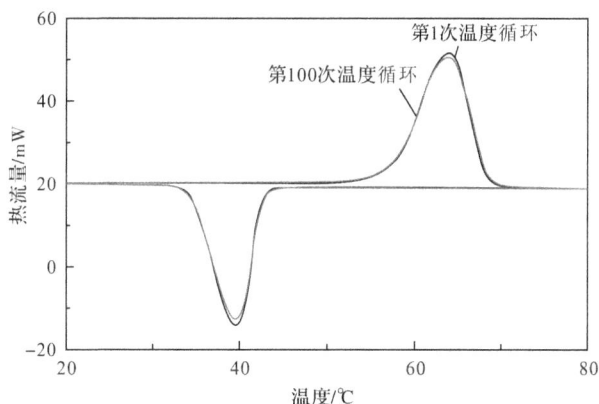

图 3-3-6　聚乙二醇(PEG)复合相变材料差示扫描量热仪(DSC)温度循环测试结果

表 3-3-2　聚乙二醇(PEG)复合相变材料差示扫描量热仪(DSC)温度循环测试结果

参数	$T_m/℃$	$\Delta H_m/(kJ \cdot kg^{-1})$	$T_c/℃$	$\Delta H_c/(kJ \cdot kg^{-1})$
第 1 次温度循环	63.85	179.74	39.62	164.25
第 100 次温度循环	63.24	179.31	39.56	164.11

3.4　改性气凝胶的应用

3.4.1　气凝胶在制备复合相变材料过程中产生的问题

从复合相变材料的特性测试结果来判断,石墨烯气凝胶支撑的复合相变材料不仅具有很高的相变储能能力,而且可以长期循环利用其相变储能。可以说在复合相变材料的制备中,石墨烯气凝胶是最佳的支撑材料。然而,液体相变材料在浸渍过程中使石墨烯气凝胶产生的体积收缩在很大程度上影响了复合相变材料的制备及实际应用。有机相变材料,尤其是聚乙二醇(PEG)和脂肪酸在液相时具有一定的黏性,在渗透到石墨烯气凝胶内部空间时与气凝胶内壁产生摩擦而出现曳力(图 3-4-1),使部分石墨烯气凝胶骨架发生形变,导致石墨烯气凝胶出现体积收缩。石墨烯气凝胶的体积收缩使容纳相变材料的内部空间变小,相当于复合相变材料损失了一部分的相变材料,影响了其复合相变材料在相变过程中吸收或释放的热量。石墨烯气凝胶支撑的复合相变材料具有很高的相变焓,但其相变材料的质量直接关系到复合相变材料的相变储能。质量越大,复合相变材料在相变过程中吸收或释放的相变储能越大,在热能转换应用中转换效率越高。因此,有效防止液体相变材料在浸渍过程中出现的体积收缩现象,并且提高复合相变材料中相变材料的含量,提高石墨烯气凝胶的机械性能及柔韧性成为制备复合相变材料过程中的关键环节。改性气凝胶的制备对于提高复合相变材料的储热性能有着至关重要的作用。

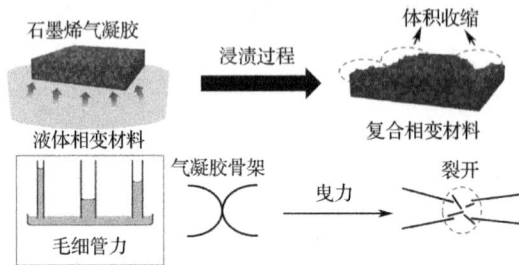

图 3-4-1　石墨烯气凝胶出现体积收缩的原理

3.4.2　改性气凝胶的作用

石墨烯气凝胶支撑的复合相变材料在相变过程中始终保持原有的形状,可在热能转换中充分应用相变材料的相变储能。然而,石墨烯气凝胶在复合相变材料的制备过程中所产生的体积收缩对复合相变材料的相变储能能力带来一定程度的影响。为了避免发生支撑材料的体积收缩,同时不影响相变材料的相变特性,应对石墨烯气凝胶的内部结构进行改性并增强气凝胶骨架的稳定性。显然,改性气凝胶的制备成为定形相变领域中不能缺少的重要环节。目前,已有两种方法使石墨烯气凝胶具有优越的机械性能及柔韧性,即聚二甲基硅氧烷(PDMS)吸附法和气凝胶交联法。聚二甲基硅氧烷(PDMS)吸附法是将其均匀分散在石墨烯气凝胶的内部骨架中,使石墨烯气凝胶具有很强的柔韧性。柔韧性强的改性气凝胶在液体相变材料的浸渍过程中依然保持原有的立体结构,不发生体积收缩现象。例如,Hong 等[28]将聚二甲基硅氧烷(PDMS)溶液慢慢倒至石墨烯气凝胶表面,使其完全吸收于气凝胶内部空间(图 3-4-2)。为了检验改性气凝胶的柔韧性,分别将原有的石墨烯气凝胶和改性石墨烯气凝胶进行压缩,并观察其弹性恢复性能。压缩测试结果如图 3-4-3 所示。首先将两种石墨烯气凝胶分别压缩 90%,等压缩之后,使仪器恢复到起初位置。显然,石墨烯气凝胶因不具备柔韧性,在压缩过程中发生形变并且无法恢复到原来的立体结构。与此相反,含有聚二甲基硅氧烷(PDMS)的改性石墨烯气凝胶在压缩之后恢复到原来的 99.8%,可以证明改性气凝胶具有很高的柔韧性。

此外,研究中还使用动态机械分析仪(DMA)来检验改性石墨烯气凝胶的机械性能,

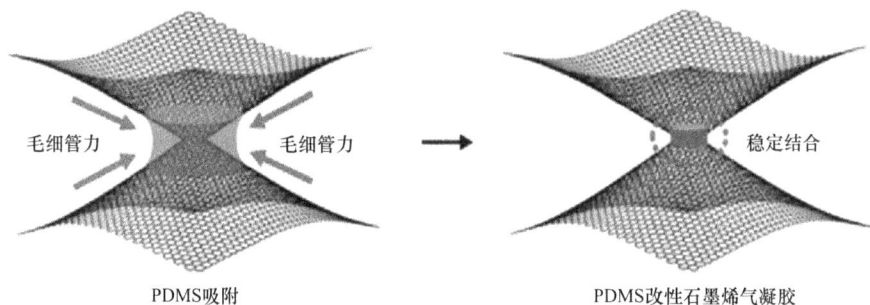

毛细管力　　　　毛细管力　　　　　　　　稳定结合

PDMS吸附　　　　　　　　　　PDMS改性石墨烯气凝胶

图 3-4-2　聚二甲基硅氧烷(PDMS)改性气凝胶的结构

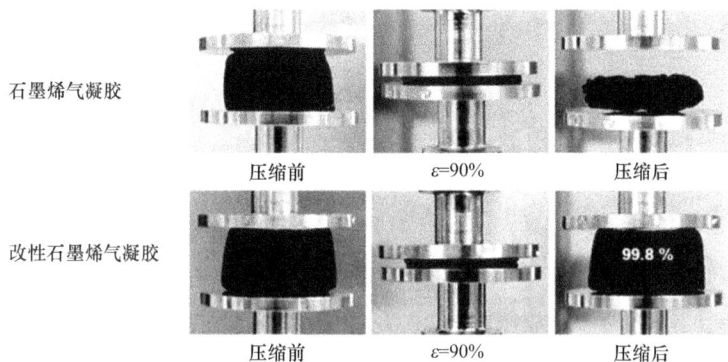

石墨烯气凝胶

压缩前　　　　ε=90%　　　　压缩后

改性石墨烯气凝胶

压缩前　　　　ε=90%　　　　压缩后

图 3-4-3　石墨烯气凝胶和改性石墨烯气凝胶的柔韧性测试结果

测试结果如图 3-4-4 所示。石墨烯气凝胶的压缩应变由 30% 一直到 90% 并观察发生应变时所需要的应力。不难看出,含有聚二甲基硅氧烷(PDMS)的改性石墨烯气凝胶在发生最大应变时需要的应力是普通石墨烯气凝胶的 3 倍,可见改性石墨烯气凝胶具有优越的机械特性,在复合相变材料制备的浸渍过程中将避免发生支撑材料的体积收缩。

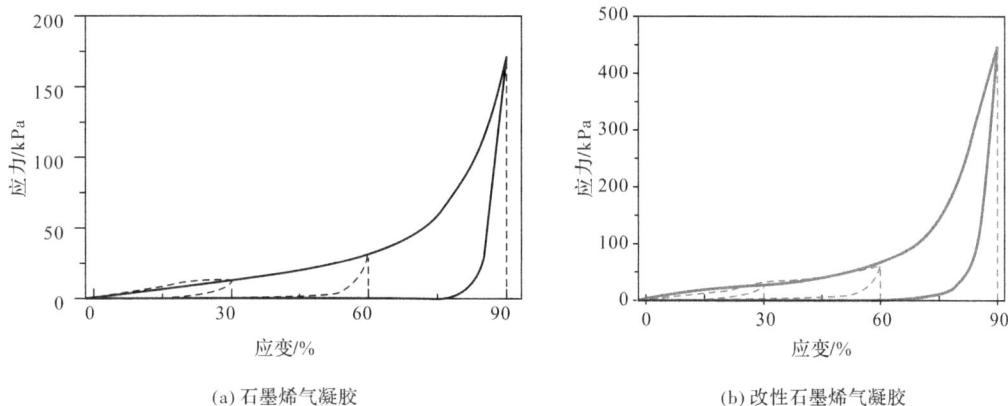

(a)石墨烯气凝胶　　　　　　　　　　(b)改性石墨烯气凝胶

图 3-4-4　石墨烯气凝胶和改性石墨烯气凝胶的机械性能测试结果

有关气凝胶交联法,Ha 等[29]使用聚丙烯酸(PAA)交联法使石墨烯气凝胶的夹层间形成交联状,从而制备出高机械性能的石墨烯气凝胶。将聚丙烯酸(PAA)与氧化石墨烯(GO)混合均匀,通过冷冻干燥其获得含有聚丙烯酸(PAA)的氧化石墨烯气凝胶。然后,对氧化石墨烯气凝胶进行还原并在 160 ℃的环境下放置 1 d 使聚丙烯酸(PAA)之间发生聚合反应。图 3-4-5 所示为聚丙烯酸在高温条件下形成交联状聚合物,最后形成交联结构的石墨烯气凝胶。可见石墨烯气凝胶的夹层间形成交联结构使气凝胶的机械性能得到很大程度的提高,可以耐受一定强度的外界压力。为了检验其外界压力下的机械性能,采用流变仪和 500 g 砝码来测试并观察交联状石墨烯气凝胶的恢复性能,如图 3-4-6 所示。不难看出,流变仪和天平砝码进行压缩之后,交联状石墨烯气凝胶均能恢复到原来的形状。由此可以判断,聚丙烯酸(PAA)交联形成的石墨烯气凝胶也具备很高的机械性能及柔韧性,在制备复合相变材料过程当中,可以有效避免支撑材料的体积收缩,使液体相变材料充分渗透到多孔性内部空间而形成具有高相变储能的复合相变材料。

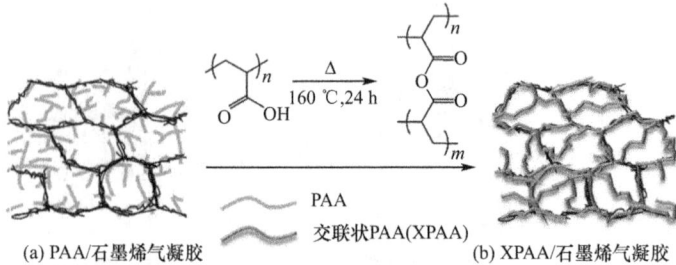

(a) PAA/石墨烯气凝胶　　　　　　　　　(b) XPAA/石墨烯气凝胶

图 3-4-5　交联状聚丙烯酸(PAA)石墨烯气凝胶的制备原理

压缩前　　　　　　压缩　　　　　　压缩后

图 3-4-6　交联状聚丙烯酸(PAA)石墨烯气凝胶的柔韧性测试结果

3.4.3　改性气凝胶的制备与表征

根据上一节的内容可以得知,改性气凝胶在复合相变材料制备中的重要性,有效防止其体积收缩使支撑材料在浸渍过程中保持完整的立体结构。为了制备改性气凝胶支撑的复合相变材料,首先将对原有的石墨烯气凝胶进行结构改变,提高石墨烯气凝胶的机械性能及柔韧性。制备聚二甲基硅氧烷(PDMS)吸附的改性石墨烯气凝胶通常把聚二甲基硅氧烷(PDMS)溶解于有机溶剂中,随后将其被气凝胶完全吸收。然而,石墨烯气凝胶的多孔性结构在吸收聚二甲基硅氧烷(PDMS)溶液的过程中很容易发生形变甚至收缩。发生形变的石墨烯气凝胶无法被当作支撑材料来制备复合相变材料。为了避免石墨烯气凝胶发生形变,同时让聚二甲基硅氧烷(PDMS)均匀分布在石墨烯内层,采用喷雾法将聚二甲基硅氧烷(PDMS)溶液渗入石墨烯气凝胶内部空间并提高环境温度,以便蒸发溶剂来制备聚二甲基硅氧烷(PDMS)改性石墨烯气凝胶。图 3-4-7 所示为改性石墨烯气凝胶的制备流程,考虑到聚二甲基硅氧烷(PDMS)的溶解特性,可使用正己烷(n-Hexane)作为有机溶剂来溶解聚二甲基硅氧烷(PDMS)。正己烷(n-Hexane)的溶解度参数($7.24\ \mathrm{cal}^{1/2}\mathrm{cm}^{-3/2}$)与聚二甲基硅氧烷(PDMS)的($7.30\ \mathrm{cal}^{1/2}\mathrm{cm}^{-3/2}$)十分接近,因此聚二甲基硅氧烷(PDMS)极易溶于正己烷(n-Hexane)并生成均匀的有机溶液。将有机溶液喷洒在石墨烯气凝胶的表面,使有机溶液渗入气凝胶的内部空间。等喷雾处理之后把石墨烯放置在 80 ℃的温度环境之下蒸发正己烷(n-Hexane)溶剂,将完全除去其有机溶剂并成功制备出聚二甲基硅氧烷(PDMS)改性石墨烯气凝胶[30]。

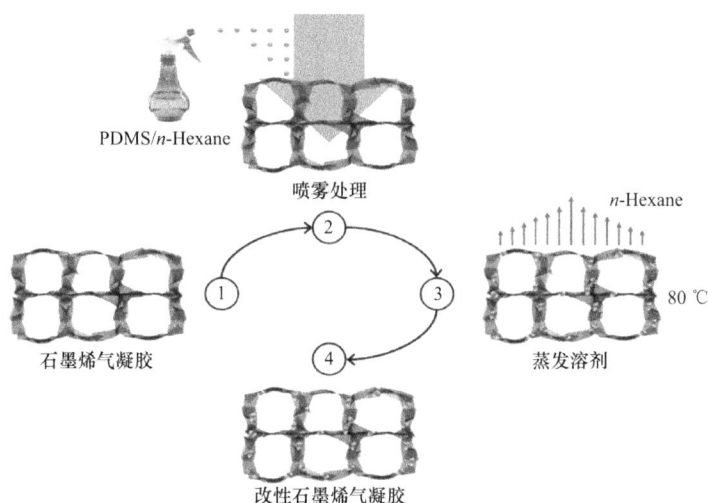

图 3-4-7　聚二甲基硅氧烷(PDMS)改性石墨烯气凝胶的制备流程

　　因制备石墨烯气凝胶时使用的氧化石墨烯(GO)和石墨烯纳米薄片(GNP)的质量比分别为 1∶1 和 1∶2,故将质量比为 1∶1 的气凝胶标注为石墨烯气凝胶 1,质量比为 1∶2 的标注为石墨烯气凝胶 2。同样将聚二甲基硅氧烷(PDMS)改性的石墨烯气凝胶分别标注为改性气凝胶 1 和改性气凝胶 2。为了检验改性石墨烯气凝胶的柔韧性及机械性能,将其进行压缩和应变测试,测试结果如图 3-4-8 和表 3-4-1 所示。从图中可以看出,改性前的石墨烯气凝胶在砝码压缩之后顿时出现结构破裂,难以恢复到原来的立体结构。相反,聚二甲基硅氧烷(PDMS)改性的石墨烯气凝胶在压缩之后均能出现弹性恢复,且恢复率接近 100%。显然,聚二甲基硅氧烷(PDMS)使石墨烯气凝胶具有很强的柔韧性,在外界压力之下能迅速恢复到原来的立体结构,避免发生形变。对于石墨烯气凝胶进行的机械性能测试结果表明,改性石墨烯气凝胶具有柔韧性,与原来的石墨烯气凝胶相比发生同样的应变时改性气凝胶所需的应力是原来的 3 倍,可以证明聚二甲基硅氧烷(PDMS)改性石墨烯气凝胶也具有较高的机械性能,可视为稳定的支撑材料。

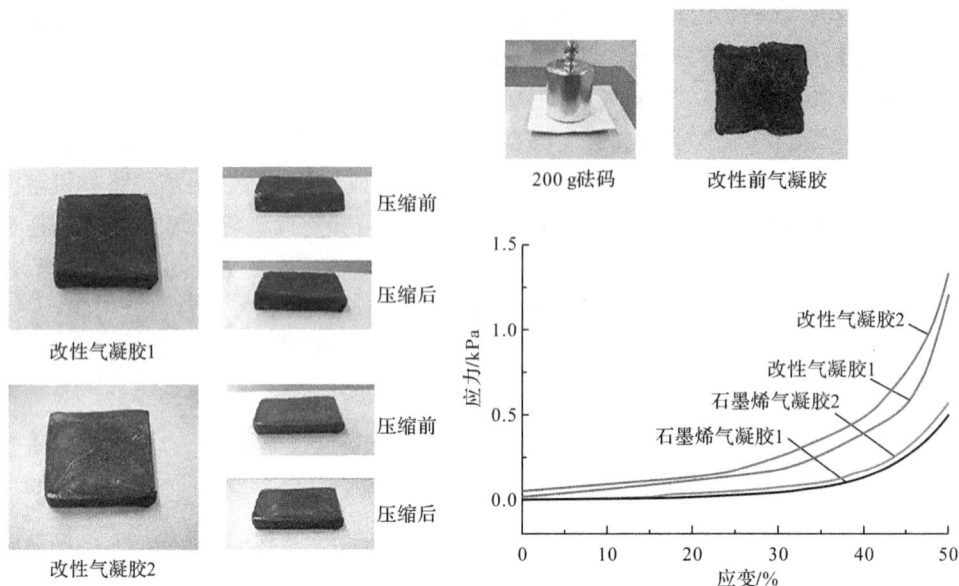

图 3-4-8 改性石墨烯气凝胶的压缩及机械性能测试结果

表 3-4-1 改性石墨烯气凝胶的压缩测试结果列表

样品	改性气凝胶 1	改性气凝胶 2
压缩前厚度/cm	0.501 0	0.500 8
压缩后厚度/cm	0.499 8	0.499 9
弹性恢复时间/s	1.16	1.04
弹性恢复率/%	99.76	99.82

为了检验改性石墨烯气凝胶的结构特性,使用红外光谱仪对石墨烯气凝胶进行检测并判断其化学结构。红外光谱测试结果如图 3-4-9 所示。聚二甲基硅氧烷(PDMS)因具有硅-碳(Si-C)和硅-氧(Si-O)结构,在红外波数为 1 000 cm^{-1} 附近出现其特征峰。石墨烯因无官能团结构,在红外光谱中不显示特征峰。然而,改性石墨烯气凝胶则显示聚二甲基硅氧烷(PDMS)的特征峰,且不出现新的特征峰;可以断定石墨烯与聚二甲基硅氧烷(PDMS)只发生物理性的结合,不发生任何的化学反应。根据石墨烯气凝胶的柔韧性及红外光谱测试来判断,聚二甲基硅氧烷(PDMS)改性的气凝胶在复合相变材料的制备中当作稳定的支撑材料,可以容纳大量的相变材料,使复合相变材料具有更高的相变储能。

聚二甲基硅氧烷(PDMS)可以使石墨烯气凝胶具有柔韧性,在一定程度的外界压力之下可以恢复到原来的立体结构。为了进一步增强石墨烯气凝胶的机械性能,采用气凝胶交联法来制备新的改性石墨烯气凝胶。因石墨烯气凝胶都是还原氧化石墨烯气凝胶制得的,故增加氧化石墨烯气凝胶中的特征官能团可使交联反应中生成更多的交联结构。显然,只有增加氧化石墨烯(GO)的特征官能团才能制备出更多官能团的气凝胶并进行交联改性。制备交联结构的石墨烯气凝胶流程如图 3-4-10 所示[31]。为了增加石墨烯芳香环中的官能团数量,首先用浓硝酸(HNO$_3$)进行酸处理使芳香环出现众多裂痕,从而利

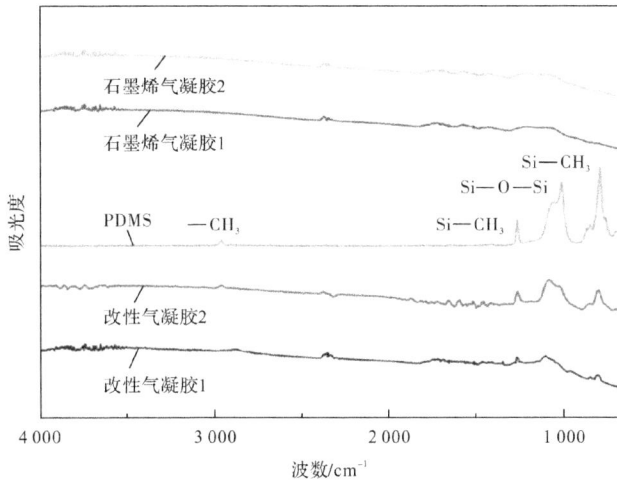

图 3-4-9　石墨烯气凝胶和改性石墨烯气凝胶的红外光谱测试结果

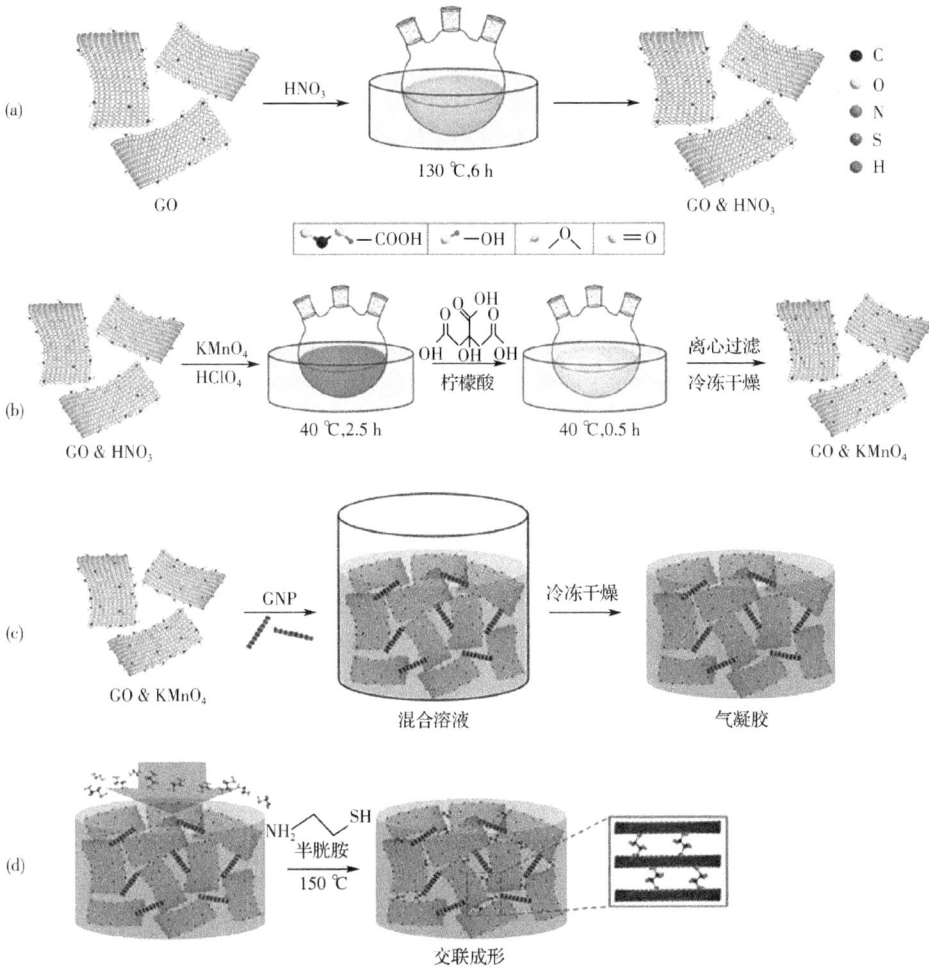

图 3-4-10　交联状石墨烯气凝胶的制备流程

于氧化生成官能团。其次，在氧化石墨烯/硝酸混合物（GO & HNO₃）中加入高锰酸钾（KMnO₄）的酸性溶液（酸性物质为高氯酸 HClO₄）在适当的温度环境下将对氧化石墨烯（GO）进行氧化处理。等反应充分完成之后，在混合溶液中加入过量的柠檬酸来除去剩余的高锰酸钾（KMnO₄）。等溶液颜色完全变成浅黄色时对其进行离心分离而得到被氧化的氧化石墨烯（GO）。最后，将把氧化石墨烯（GO）进行冷冻干燥获得具有众多官能团的氧化石墨烯（GO）粉末。随后，将氧化石墨烯（GO）与石墨烯纳米薄片（GNP）按一定质量比混合并加入蒸馏水将其搅拌均匀。通过冷冻干燥来制得新的氧化石墨烯气凝胶，将氧化石墨烯气凝胶放置于温度为 150 ℃ 的封闭环境中。与此同时，放入半胱胺水溶液使半胱胺在高温环境下挥发成气体并渗入氧化石墨烯的内部空间。半胱胺因具有独特的化学结构，极易与氧化石墨烯气凝胶的官能团（主要为羧基—COOH）进行交联反应而生成交联状的石墨烯气凝胶。与聚二甲基硅氧烷（PDMS）改性的石墨烯气凝胶相比，交联状石墨烯气凝胶具有更高的机械性能，在复合相变材料的制备中可作为稳定的支撑材料。

与上述的制备方法一致，根据使用的氧化石墨烯（GO）和石墨烯纳米薄片（GNP）的质量比将把 1∶1 的气凝胶标注为石墨烯气凝胶 1，1∶2 的标注为石墨烯气凝胶 2。同样将交联法改性的石墨烯气凝胶分别为改性气凝胶 1 和改性气凝胶 2。图 3-4-11 所示为交联状石墨烯气凝胶的柔韧性和机械性能，压缩结果见表 3-4-2。显然，交联状的石墨烯气凝胶在压缩之后均能出现弹性恢复，同样弹性恢复率也接近 100%。半胱胺交联的石墨烯气凝胶具有很强的柔韧性，压缩之后可以迅速恢复到原来的立体结构。同样，从机械性能测试结果中可以看出，交联状石墨烯气凝胶的机械强度甚至高于聚二甲基硅氧烷（PDMS）改性的石墨烯气凝胶，且无氧化处理直接交联反应生成的石墨烯气凝胶由于交联度不够大，机械性能也低于氧化处理的交联状石墨烯气凝胶。上述的测试结果证明，交联状的石墨烯气凝胶具有更高的机械性能和极其稳定的立体结构，适合作为复合相变材料中的支撑材料。

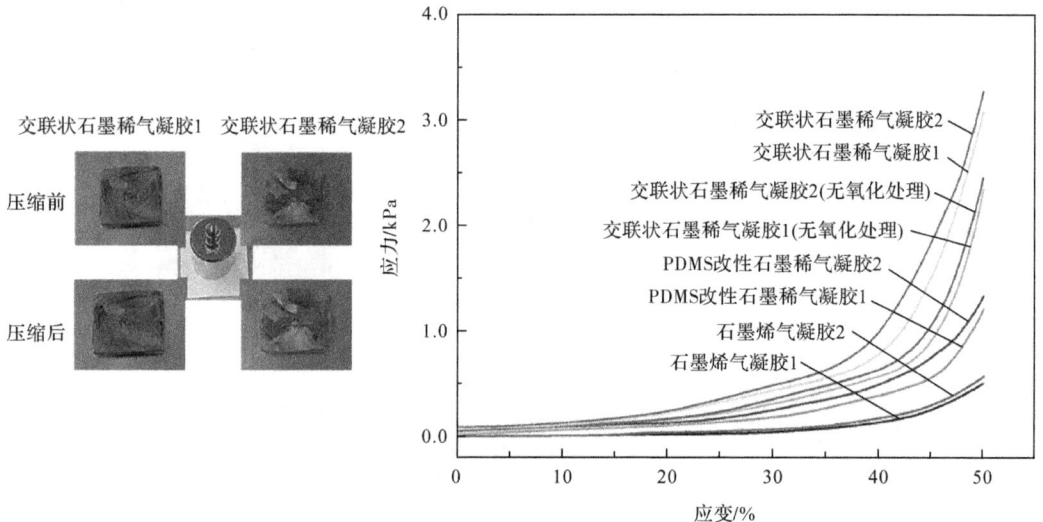

图 3-4-11　交联状石墨烯气凝胶压缩和机械性能测试结果

表 3-4-2　　　　　　　　交联状石墨烯气凝胶的压缩测试结果列表

样品	交联状气凝胶 1	交联状气凝胶 2
压缩前厚度/cm	0.500 4	0.501 0
压缩后厚度/cm	0.499 1	0.500 0
弹性恢复时间/s	0.52	0.48
弹性恢复率/%	99.75	99.80

交联状石墨烯气凝胶的红外光谱测试结果如图 3-4-12 所示。根据红外光谱结果来判断，随着石墨烯芳香环中官能团的增加，羧基（—COOH）及羟基（—OH）特征峰的强度也逐渐增大，可以证明氧化石墨烯（GO）已成功被高锰酸钾（KMnO$_4$）氧化并生成额外的官能团。半胱胺交联生成的石墨烯气凝胶均显示碳-氮（C-N）和碳-硫（C-S）的特征峰，显示半胱胺与氧化石墨烯气凝胶的官能团发生交联反应并生成交联状物体。此外，为了检验改性石墨烯气凝胶的疏水特性，图 3-4-13 所示为接触角测试结果。不难发现，石墨烯气凝胶的机械性能越强，接触角越大，表明改性石墨烯气凝胶都具有很高的疏水性。由此可见，与原有的石墨烯气凝胶相比，聚二甲基硅氧烷（PDMS）吸附的石墨烯气凝胶和交联状石墨烯气凝胶更容易吸取液体相变材料将其渗透到内部空间形成稳定的复合相变材料。改性气凝胶的制备可在很大程度上保持高机械性能，在复合相变材料的制备过程中不发生体积收缩，实际应用非常广泛。

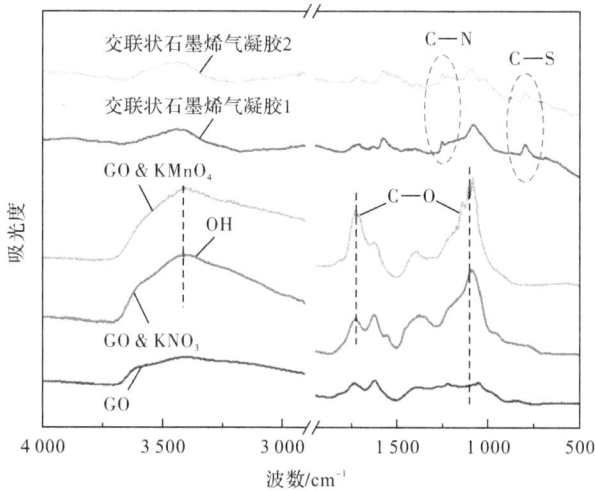

图 3-4-12　石墨烯气凝胶和交联状石墨烯气凝胶的红外光谱图

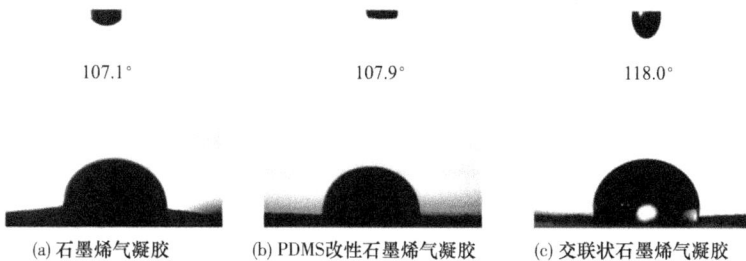

107.1°　　　　　　107.9°　　　　　　118.0°

(a) 石墨烯气凝胶　　(b) PDMS改性石墨烯气凝胶　　(c) 交联状石墨烯气凝胶

图 3-4-13　石墨烯气凝胶和改性石墨烯气凝胶的接触角测试结果

第4章

改性气凝胶支撑的复合相变材料

4.1 概　述

聚二甲基硅氧烷(PDMS)改性石墨烯气凝胶和交联状石墨烯气凝胶具有优越的机械性能及柔韧性,在受到外力之下也能保持原有的立体结构,防止出现体积收缩现象。改性气凝胶很大程度上改善了复合相变材料的物理性能,尤其是在相变过程中吸收或释放的热量变得更大,提高了复合相变材料的热能转换效率。改性气凝胶支撑的复合相变材料具有优越的相变储能性能及反复使用性。常用的相变材料均为有机相变材料,除了在制备过程中确保支撑材料的结构稳定、不发生体积收缩以外,相变材料和改性气凝胶之间是否出现化学反应同样影响复合相变材料的相变储能应用。为了检验复合相变材料的定形相变性能,首先使用聚乙二醇(PEG)为相变材料并制备聚二甲基硅氧烷(PDMS)改性石墨烯气凝胶和交联状石墨烯气凝胶支撑的复合相变材料。将制备出的聚乙二醇(PEG)复合相变材料放置于加热器,观察其复合相变材料在高温条件下的结构形状来判断定形相变性能。改性气凝胶的机械性能测试结果表明,交联状石墨烯气凝胶与聚二甲基硅氧烷(PDMS)改性石墨烯气凝胶相比具有更高的机械性能。随着复合相变材料的应用领域不断增大,对复合相变材料的应用环境,尤其是在自然环境下复合相变材料的机械性能同样有着更高的要求。复合相变材料的定形相变测试通常在高温、无外界压力之下进行。若在高温环境中受到外界压力与撞击之下复合相变材料同样保持原有形状,则足以证明复合相变材料具有高机械性能并且可顺利进行相变过程来实现能源转换。除了聚乙二醇(PEG)以外,实验中还使用1-十四醇(1-TD)为相变材料并制备出改性气凝胶支撑的1-十四醇(1-TD)复合相变材料。与聚乙二醇(PEG)相比,1-十四醇(1-TD)的相变温度较低,可视为低温相变材料。显然,低温相变材料易受到外界温度的影响并发生相变过程,在自然环境下实现相变储能的转换应用,因此1-十四醇(1-TD)具有很大的利用价值。本章中还将讲述聚二甲基硅氧烷(PDMS)改性石墨烯气凝胶和交联状石墨烯气凝胶支撑的 1-十四醇(1-TD)复合相变材料的制备过程及定形相变性能。由于相变温度较低,在高温条件下能否保持原有形状对于 1-十四醇(1-TD)复合相变材料的实际应用有着极为重要的意义。此外,对于制备出的 1-十四醇(1-TD)复合相变材料也进行了化学性能测试来证明 1-十四醇(1-TD)与改性石墨烯气凝胶之间能否发生化学反应并进一步影响复合相变材料的相变特性。最后,将通过差示扫描量热仪(DSC)来测定聚乙二醇(PEG)及 1-十四醇(1-TD)复合相变材料的相变焓,推断复合相变材料的相变储能能力。高相变焓的复合相变材料同样在固-液相变过程时吸收大量的外界热量并转化为相变储能,同时在冷却时可以释放大量的热量来实现恒温相变效果。改性气凝胶支撑的复合相变材料使相变材料的性能得到很大的改善,进一步接近了自然环境下吸收太阳能来实现能源转换的实际应用。

4.2　PEG 改性复合相变材料的制备

4.2.1　PEG/改性石墨烯气凝胶复合相变材料的制备及定形相变性能

聚乙二醇(PEG)改性石墨烯气凝胶复合相变材料的制备同样采用浸渍法使液体相变材料渗透到改性气凝胶的内部空间形成稳定的立体结构。首先,将相变材料聚乙二醇(PEG)放置于高温真空烘箱使其完全熔化为液相。其次,将聚二甲基硅氧烷(PDMS)改性石墨烯气凝胶和交联状石墨烯气凝胶放置于液体聚乙二醇(PEG)并抽出烘箱内的空气。在真空环境下,液体聚乙二醇(PEG)因石墨烯气凝胶孔隙间的毛细管力被逐步吸收,其浸渍过程如图 4-2-1 所示。根据改性石墨烯气凝胶的机械性能及柔韧性,在制备过程中可以有效阻止气凝胶的体积收缩使相变材料充分渗透到气凝胶内部形成聚乙二醇(PEG)复合相变材料。等浸渍过程完成之后,取出已制备的复合相变材料并在室温条件下进行冷却,最终得到稳定的固体相变材料。为了方便比较,表 4-2-1 和表 4-2-2 列出了改性前、后的石墨烯气凝胶和复合相变材料的相关数据并得出一系列结论。显然,聚二甲基硅氧烷(PDMS)改性石墨烯气凝胶和交联状石墨烯气凝胶均比原始气凝胶吸取更多的聚乙二醇(PEG)。由此可见,改性石墨烯气凝胶在浸渍过程中能保持原有的结构形状,有效防止因相变材料黏性引起的体积收缩。改性石墨烯气凝胶的高机械性能使聚乙二醇(PEG)渗透到几乎完整结构的石墨烯气凝胶内部空间,从而形成稳定的聚乙二醇(PEG)复合相变材料。此外,改性石墨烯气凝胶依然保持很高的孔隙率,制备出的复合相变材料中相变材料的占比同样维持在 98% 以上。复合相变材料的质量及相变材料的占比可以证明,改性石墨烯气凝胶与原始气凝胶相比形成更高相变储能的复合相变材料,可在相变过程中吸收或释放更多的热量。

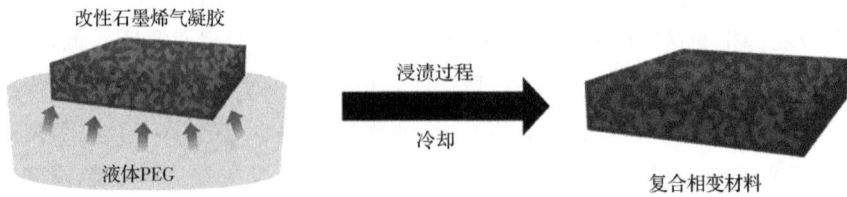

图 4-2-1　液体 PEG/改性石墨烯气凝胶复合相变材料的制备过程

表 4-2-1　　　　石墨烯气凝胶及 PEG 复合相变材料的数据列表

样品	石墨烯气凝胶	PEG 复合相变材料
改性前质量/g	0.145 0	6.847 9
PDMS 改性后质量/g	0.152 4	9.258 6
交联状改性后质量/g	0.171 4	9.299 4
PDMS 改性后孔隙率/%	98.10	—
交联状改性后孔隙率/%	97.86	—

表 4-2-2　改性前、后 PEG 复合相变材料的质量变化及相变材料的质量分数

样品	PDMS 改性复合相变材料	交联状改性复合相变材料
增加的 PEG 质量/g	2.403 3	2.425 1
PEG 占比/%	98.35	98.16

　　为了比较改性前、后聚乙二醇（PEG）复合相变材料的定形相变性能，先把制备的复合相变材料放置在一起并观察其表面结构。图 4-2-2 所示为室温环境下的聚乙二醇（PEG）复合相变材料的外部形状。不难看出，改性前的聚乙二醇（PEG）复合相变材料表面凹凸不平，制备过程中出现石墨烯气凝胶的体积收缩，导致一部分相变材料尚未渗透到气凝胶的内部空间。相反，改性石墨烯气凝胶支撑的复合相变材料表面都比较平滑，可以推断能有效阻止浸渍过程中出现的体积收缩，可装满更多的聚乙二醇（PEG）。聚乙二醇（PEG）复合相变材料的定形相变测试结果如图 4-2-3 所示。环境温度由 25 ℃ 升高到 80 ℃ 使聚乙二醇（PEG）发生固-液相变。尽管表面形状有所不同，改性石墨烯气凝胶支撑的聚乙二醇（PEG）复合相变材料均保持原有形状，尚未出现泄漏现象。定形相变测试再一次证明了在相变过程中，改性气凝胶支撑的聚乙二醇（PEG）复合相变材料同样具有很好的定形相变性能，而且在定形相变过程中实现高相变储能的热量转换。

(a) 改性前复合相变材料　　　　(b) PDMS改性复合相变材料　　　(c) 交联状改性复合相变材料

图 4-2-2　改性前、后聚乙二醇（PEG）复合相变材料的外部形状

图 4-2-3　聚乙二醇(PEG)复合相变材料定形相变测试结果

　　尽管这些复合相变材料在温度环境的改变之下均能保持原有形状,但在受到外界压力时是否同样具有定形相变性能直接影响复合相变材料的实际应用。图 4-2-4 所示为在环境温度为 80 ℃、存在外界压力之下的复合相变材料的定形相变测试结果。

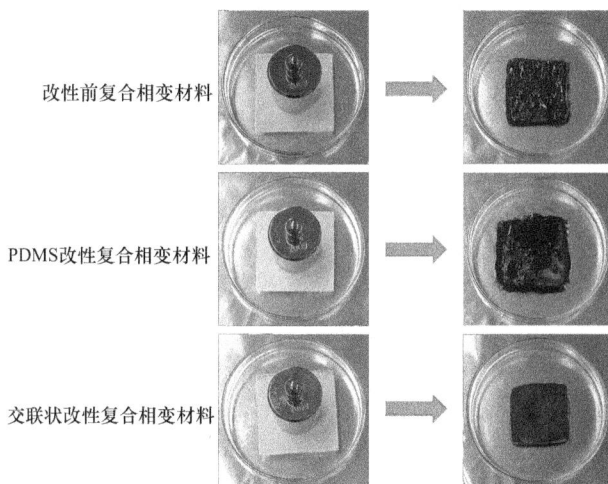

图 4-2-4　受到外界压力之下聚乙二醇(PEG)复合相变材料的定形相变测试结果(80 ℃)

　　因石墨烯气凝胶封装聚乙二醇(PEG),故即使聚乙二醇(PEG)发生固-液相变,聚乙二醇(PEG)复合相变材料在外观上始终保持固体形状。然而,用 200 g 砝码对其复合相变材料进行碾压时,改性前的聚乙二醇(PEG)复合相变材料,甚至聚二甲基硅氧烷(PDMS)改性石墨烯气凝胶支撑的聚乙二醇(PEG)复合相变材料都出现泄漏现象。显然,聚二甲基硅氧烷(PDMS)改性石墨烯气凝胶虽然能有效防止其体积收缩,但在外界压力条件下尚未达到定形相变效果。相反,交联状石墨烯气凝胶支撑的聚乙二醇(PEG)复合相变材料在受到外界压力条件下均可保持原有形状,具有定形相变性能。

另外,在相变过程中有效利用复合相变材料的相变储能时,导热能力同样影响复合相变材料的传热性能。图 4-2-5 所示为普通的聚乙二醇(PEG)、聚二甲基硅氧烷(PDMS)改性石墨烯气凝胶支撑的聚乙二醇(PEG)复合相变材料以及交联状石墨烯气凝胶支撑的聚乙二醇(PEG)复合相变材料的导热系数。由于有机相变材料的导热能力很差,聚乙二醇(PEG)的导热系数仅为 0.176 4 W/(m·K)。改性石墨烯气凝胶中含有石墨烯纳米薄片(GNP),一定程度上可以提高石墨烯气凝胶的导热能力。显然,聚二甲基硅氧烷(PDMS)改性石墨烯气凝胶和交联状石墨烯气凝胶支撑的复合相变材料的导热系数分别为 0.581 8 W/(m·K)和 0.579 8 W/(m·K),与普通相变材料相比增加了约 3 倍。因此,我们可以判断改性石墨烯气凝胶支撑的聚乙二醇(PEG)复合相变材料除了可有效传递相变储能以外,还可在环境温度变化时保持固体形状,防止发生形变。同时,在外界压力之下,交联状石墨烯气凝胶支撑的聚乙二醇(PEG)复合相变材料甚至能保持定形相变性能,这使复合相变材料在恶劣的环境之下同样顺利进行定形相变,有效吸收或释放大量的热量来实现能源转换。

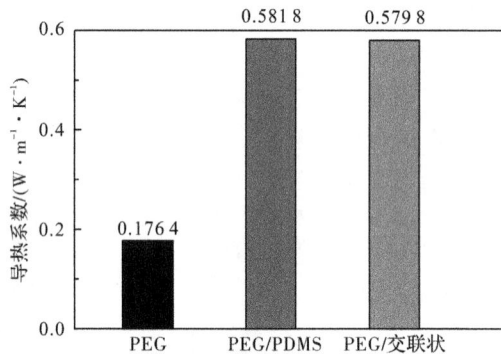

图 4-2-5 聚乙二醇(PEG)、改性石墨烯气凝胶支撑的聚乙二醇(PEG)复合相变材料导热系数比较

4.2.2 PEG/改性石墨烯气凝胶复合相变材料的化学性能

改性石墨烯气凝胶支撑的聚乙二醇(PEG)复合相变材料稳定的化学性能直接关系到复合相变材料相变储能的反复使用。首先,判断改性石墨烯气凝胶和聚乙二醇(PEG)之间是否发生化学反应,我们使用 X 射线衍射仪来表征并判断其特征峰。聚二甲基硅氧烷(PDMS)改性石墨烯气凝胶、交联状气凝胶、聚乙二醇(PEG)以及相关复合相变材料的 X 射线衍射结果(XRD)如图 4-2-6 所示。聚二甲基硅氧烷(PDMS)表现为无结晶体,在衍射角接近 10°的范围出现一定程度的特征峰。相变材料聚乙二醇(PEG)依然拥有两个不同结构的特征峰。因改性气凝胶支撑的聚乙二醇(PEG)复合相变材料中相变材料的占比很大,故复合相变材料的特征峰与聚乙二醇(PEG)是完全一样的。同时,复合相变材料除了聚乙二醇(PEG)的特征峰以外并没有出现新的特征峰,证明了改性石墨烯气凝胶支撑的复合相变材料在制备过程中只发生物理性变化,不发生任何化学反应。浸渍到气凝胶内

部的聚乙二醇(PEG)依然保持原有的结构特性,复合相变材料也具有很高的相变储能能力。X 射线衍射结果(XRD)虽然反映出支撑材料与相变材料之间的化学稳定性,但对于发生相变过程之后是否同样具有稳定的化学性能还是有局限性的。

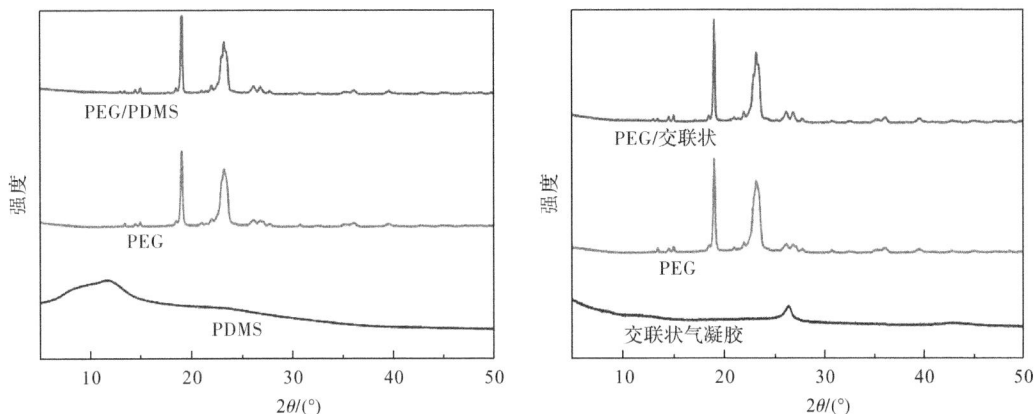

图 4-2-6　聚二甲基硅氧烷(PDMS)、交联状气凝胶、聚乙二醇(PEG)以及改性石墨烯气凝胶支撑的聚乙二醇(PEG)复合相变材料 X 射线衍射结果

为了检验在反复发生相变过程之后聚乙二醇(PEG)复合相变材料的结构特性,采用红外光谱仪(FT-IR)对其复合相变材料进行表征。图 4-2-7 为聚二甲基硅氧烷(PDMS)改性石墨烯气凝胶和交联状石墨烯气凝胶支撑的复合相变材料在进行 100 次温度循环相变过程前、后的红外光谱测试结果。采用差示扫描量热仪(DSC)对复合相变材料进行温度循环测试,使复合相变材料发生相变过程;等聚乙二醇(PEG)复合相变材料进行 100 次温度循环相变过程以后,将比较复合相变材料的特征结构。显然,两种改性石墨烯气凝胶支撑的聚乙二醇(PEG)复合相变材料在进行 100 次温度循环之后仍然保持原有的物理结构,尚未发生化学反应。由此可见,改性石墨烯气凝胶支撑的聚乙二醇(PEG)复合相变材料具有长期的反复使用性,可以有效转换外界热能及相变储能。通过 X 射线衍射仪(XRD)和红外光谱测仪(FT-IR)试结果可以测定,改性石墨烯气凝胶支撑的聚乙二醇(PEG)复合相变材料同样具有稳定的化学性能,并且进一步扩大定形相变储能的转换与应用。

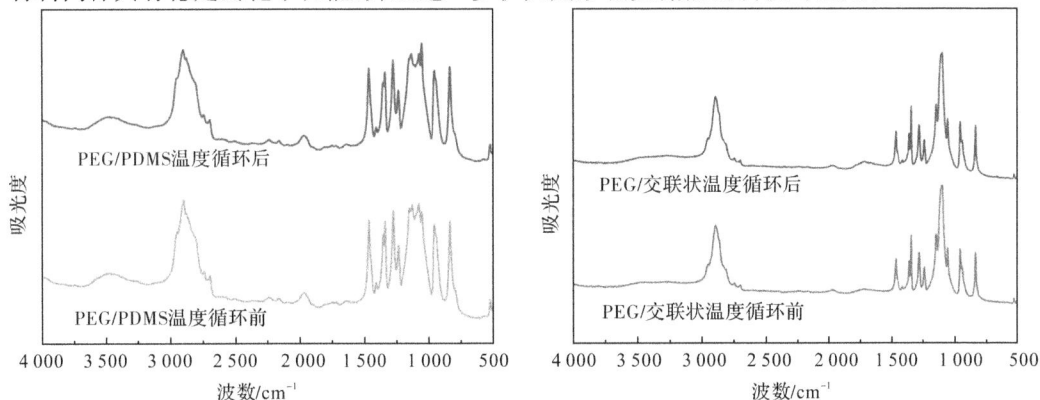

图 4-2-7　改性石墨烯气凝胶支撑的聚乙二醇(PEG)复合相变材料的差示扫描量热仪(DSC)温度循环测试(100 次温度循环)前后红外光谱比较

4.2.3 PEG/改性石墨烯气凝胶复合相变材料的储热性能

改性石墨烯气凝胶支撑的聚乙二醇(PEG)复合相变材料的储热性能由复合相变材料的相变焓来决定其储热大小。通常使用差示扫描量热仪(DSC)来测定聚二甲基硅氧烷(PDMS)改性石墨烯气凝胶支撑的聚乙二醇(PEG)复合相变材料的相变温度及相变焓,相关测试结果如图 4-2-8 和表 4-2-3 所示。不难看出,聚乙二醇(PEG)复合相变材料的相变温度、相变焓都与聚乙二醇(PEG)十分接近,具有很高的相变潜热。对其复合相变材料进行 100 次温度循环测试之后,相变温度和相变焓的变化也很微妙。显然,聚二甲基硅氧烷(PDMS)改性石墨烯气凝胶支撑的聚乙二醇(PEG)复合相变材料具有很高的相变焓,可以反复利用其相变过程中的相变储能。

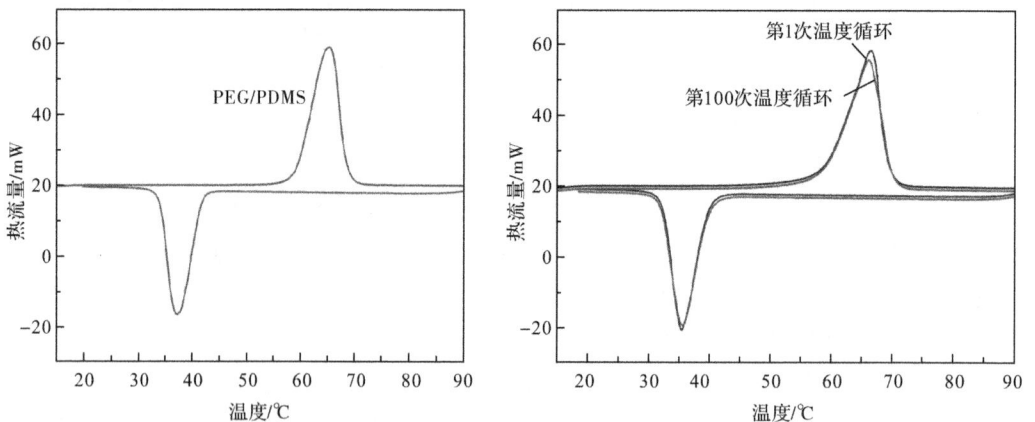

图 4-2-8 聚二甲基硅氧烷(PDMS)改性石墨烯气凝胶支撑的聚乙二醇(PEG)复合相变材料
差示扫描量热仪(DSC)温度循环测试结果

表 4-2-3 复合相变材料差示扫描量热仪(DSC)及温度循环测试结果

样品	T_m/℃	ΔH_m/(kJ·kg^{-1})	T_c/℃	ΔH_c/(kJ·kg^{-1})
PEG/PDMS	65.21	179.11	38.22	160.81
第 100 次温度循环	65.10	178.87	36.14	160.63

同样,交联状石墨烯气凝胶支撑的聚乙二醇(PEG)复合相变材料的差示扫描量热仪(DSC)测试结果如图 4-2-9 和表 4-2-4 所示。测试结果表明聚乙二醇(PEG)复合相变材料的相变温度、相变焓同样都与聚乙二醇(PEG)十分接近。进行 100 次温度循环测试之后,复合相变材料的相变温度和相变焓也很相似。由此可见,交联状墨烯气凝胶支撑的聚乙二醇(PEG)复合相变材料也具有很高的相变焓,相变储能可以反复使用。通过差示扫描量热仪(DSC)的测试结果可以判断,改性气凝胶支撑的聚乙二醇(PEG)复合相变材料在相变过程中可以吸收或释放大量的热量,同时可以反复利用其相变过程进行相变储能的能源转换。

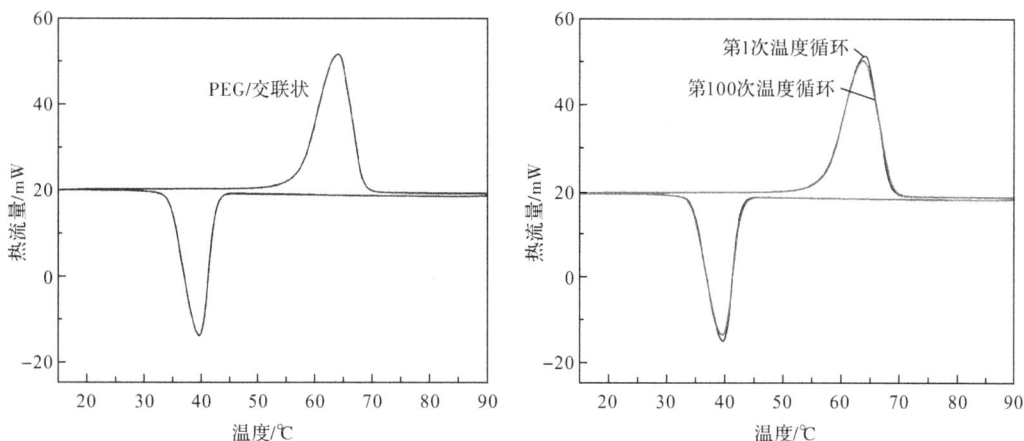

图 4-2-9　交联状石墨烯气凝胶支撑的聚乙二醇(PEG)复合相变材料差示扫描量热仪(DSC)温度循环测试结果

表 4-2-4　　复合相变材料差示扫描量热仪(DSC)及温度循环测试结果

样品	T_m/℃	ΔH_m/(kJ·kg^{-1})	T_c/℃	ΔH_c/(kJ·kg^{-1})
PEG/交换状	64.84	178.90	39.01	159.22
第 100 次温度循环	64.17	178.41	38.75	158.80

4.3　1-TD 改性复合相变材料的制备

4.3.1　1-TD/改性石墨烯气凝胶复合相变材料的制备及定形相变性能

以聚乙二醇(PEG)为代表的有机相变材料具有较高的相变温度,环境温度超过 50 ℃时可以观察到固-液相变并吸收大量的外界热能。然而,在环境温度较低的情况下充分利用相变材料的相变储能可以进一步提高相变材料的实际应用,尤其是存在温差条件下进行的热能转换得以实现。由此可见,低温相变材料的筛选及制备其复合相变材料是必不可少的一部分。1-十四醇(1-TD)是分子量较低且在环境温度较低的条件下能发生相变过程的有机相变材料。由于 1-十四醇(1-TD)在固态下易碎且熔化成液相之后黏度较低,检验其改性石墨烯气凝胶支撑的 1-十四醇(1-TD)复合相变材料的定形相变特性和机械性能直接关系到 1-十四醇(1-TD)的实际应用。图 4-3-1 所示为 1-十四醇(1-TD)相变材料的定形相变测试结果。显然,在 25 ℃(室温)环境下,1-十四醇(1-TD)可以保持稳定的白色固体状。由于相变温度较低,当环境温度提高至 50 ℃时,1-十四醇(1-TD)很快就发生固-液相变转变成液体,在 80 ℃时同样为无色液体。因此,1-十四醇(1-TD)不能直接应用于实际热能转换中,需要支撑材料来制备其稳定的复合相变材料。

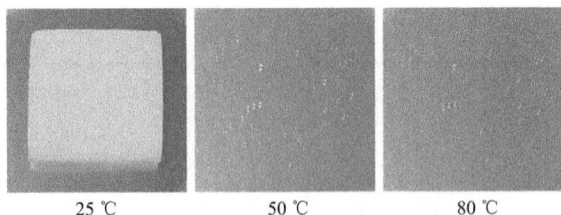

25 ℃　　　　　50 ℃　　　　　80 ℃

图 4-3-1　1-十四醇(1-TD)相变材料的定形相变测试结果

1-十四醇(1-TD)改性石墨烯气凝胶复合相变材料的制备与聚乙二醇(PEG)一样采用浸渍法使液体相变材料渗透到改性气凝胶的内部空间形成 1-十四醇(1-TD)复合相变材料。制备过程如图 4-3-2 所示,将相变材料 1-十四醇(1-TD)放置于高温真空烘箱使其完全熔化为液相。随后将聚二甲基硅氧烷(PDMS)改性石墨烯气凝胶和交联状石墨烯气凝胶放置于液体 1-十四醇(1-TD)并把烘箱设置为真空。因黏度较低,液体 1-十四醇(1-TD)在真空环境下很快就渗透到石墨烯气凝胶的内部形成稳定的复合相变材料。为了跟改性石墨烯气凝胶支撑的 1-十四醇(1-TD)复合相变材料做比较,同样使用原来的石墨烯气凝胶。等浸渍过程结束,将取出制备出的 1-十四醇(1-TD)复合相变材料并通过冷却过程获得稳定的复合相变材料。

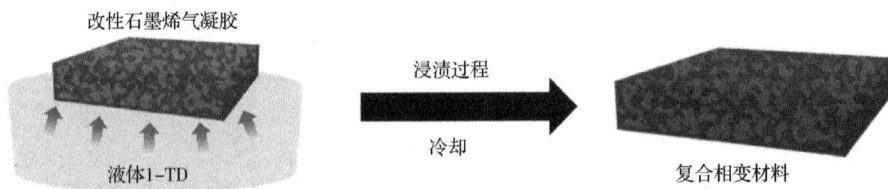

图 4-3-2　1-TD/改性石墨烯气凝胶复合相变材料的制备过程

改性前、后的石墨烯气凝胶和制备的复合相变材料相关数据比较见表 4-3-1、表 4-3-2。从表中可以看出,聚二甲基硅氧烷(PDMS)改性石墨烯气凝胶和交联状石墨烯气凝胶都能吸取更多的聚 1-十四醇(1-TD)。与液体聚乙二醇(PEG)相比,1-十四醇(1-TD)的黏度较低,浸渍过程中对石墨烯气凝胶产生的体积收缩要小,复合相变材料新增的质量同样较小。因改性石墨烯气凝胶具有很高的孔隙率,故制备出的 1-十四醇(1-TD)复合相变材料也保持很高的相变材料占比。因此,改性石墨烯气凝胶支撑的 1-十四醇(1-TD)复合相变材料也拥有更高的相变储能,可在相变过程中吸收或释放更多的热量。

表 4-3-1　石墨烯气凝胶及复合相变材料的数据列表

样品	石墨烯气凝胶	1-TD 复合相变材料
改性前质量/g	0.096 8	5.334 4
PDMS 改性后质量/g	0.101 6	6.286 9
交联状改性后质量/g	0.130 8	6.388 3
PDMS 改性后孔隙率/%	98.73	—
交联状改性后孔隙率/%	98.37	—

表 4-3-2 改性前、后 1-TD 复合相变材料的质量变化及相变材料的质量分数

样品	PDMS 改性复合相变材料	交联状改性复合相变材料
增加的 1-TD 质量/g	0.947 8	1.019 9
1-TD 占比/%	98.38	97.95

为了比较改性前、后 1-十四醇(1-TD)复合相变材料的定形相变性能,将这些复合相变材料放置在室温环境下并观察其外部形状,如图 4-3-3 所示。可以看出,改性前的 1-十四醇(1-TD)复合相变材料存在部分体积收缩而引起的结构形变。然而,改性石墨烯气凝胶支撑的复合相变材料表面比较干净,可以看到改性石墨烯气凝胶有效阻止浸渍过程中出现的体积收缩,从而吸取更多的 1-十四醇(1-TD)。图 4-3-4 所示为 1-十四醇(1-TD)复合相变材料的定形相变测试结果。把环境温度从室温的 25 ℃升高到 80 ℃使 1-十四醇(1-TD)完全转变为液相。显然,改性石墨烯气凝胶支撑的 1-十四醇(1-TD)复合相变材料均保持优越的定形相变特性,尚未出现泄漏现象。如同聚乙二醇(PEG)复合相变材料,改性气凝胶支撑的 1-十四醇(1-TD)复合相变材料在相变过程中也可以保持原有的固体形状,同时可以吸收大量的外界热量转化为相变储能。

(a) 改性前复合相变材料　(b) PDMS改性复合相变材料　(c) 交联状改性复合相变材料

图 4-3-3 改性前、后 1-十四醇(1-TD)复合相变材料的外部形状

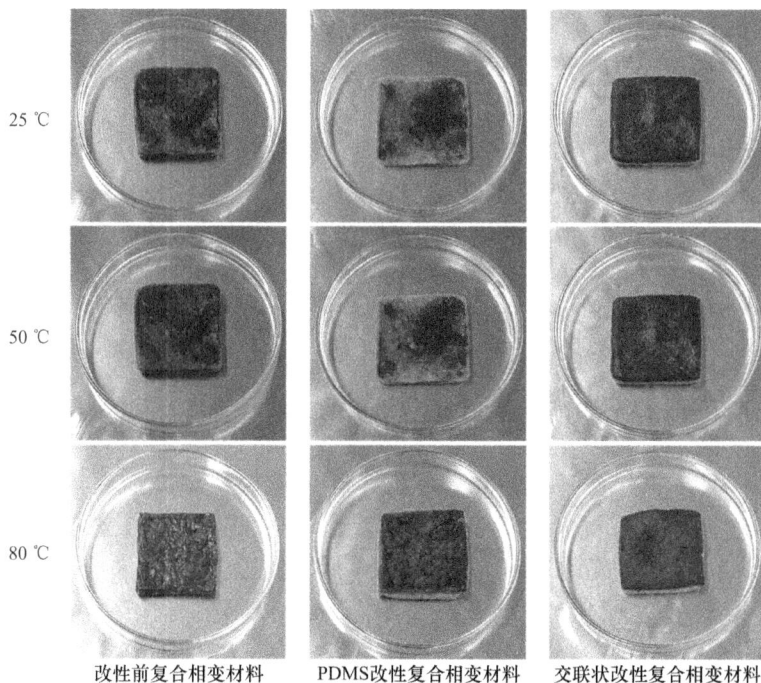

改性前复合相变材料　　PDMS改性复合相变材料　　交联状改性复合相变材料

图 4-3-4 1-十四醇(1-TD)复合相变材料的定形相变测试结果

尽管这些 1-十四醇(1-TD)复合相变材料也具有定形相变特性,但由于相变材料的黏度较低,在受到外界压力下是否同样保持原有的固体形状可以直接影响 1-十四醇(1-TD)复合相变材料的实际应用。图 4-3-5 所示为在环境温度为 80 ℃、存在外界压力之下的 1-十四醇(1-TD)复合相变材料的定形相变测试结果。

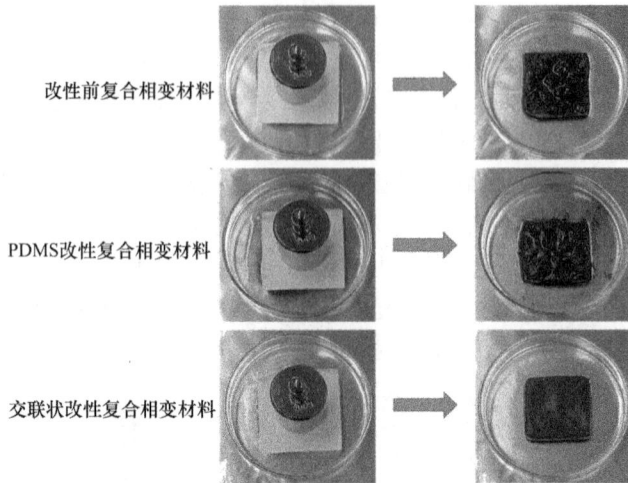

改性前复合相变材料

PDMS改性复合相变材料

交联状改性复合相变材料

图 4-3-5　受到外界压力之下,1-十四醇(1-TD)复合相变材料的定形相变测试结果(80 ℃)

对于 1-十四醇(1-TD)复合相变材料,在相变材料转变为液相时将其进行碾压,改性之前的 1-十四醇(1-TD)复合相变材料和聚二甲基硅氧烷(PDMS)改性石墨烯气凝胶支撑的 1-十四醇(1-TD)复合相变材料也同样出现泄漏现象。然而,交联状石墨烯气凝胶支撑的 1-十四醇(1-TD)复合相变材料在受到外界压力条件下能保持原有形状,可以证明交联状的石墨烯气凝胶很大程度上提高了复合相变材料的机械性能,并且在受到外力条件下也具有稳定的定形相变性能。

改性石墨烯气凝胶支撑的 1-十四醇(1-TD)复合相变材料的导热性能如图 4-3-6 所示。1-十四醇(1-TD)的导热能力很差,甚至不如聚乙二醇(PEG)的,其导热系数仅为 0.081 2 W/(m·K)。石墨烯纳米薄片(GNP)的加入可以成功形成石墨烯气凝胶的立体结构,同时可以提高石墨烯气凝胶的导热能力。不难看出,聚二甲基硅氧烷(PDMS)改性石墨烯气凝胶和交联状石墨烯气凝胶支撑的复合相变材料的导热系数分别为 0.412 7 W/(m·K)和 0.406 9 W/(m·K);与普通相变材料相比增加了约 5 倍。因此,我们可以得知改性石墨烯气凝胶支撑的 1-十四醇(1-TD)复合相变材料除了有效传递相变储能以外,也能防止其发生形变。此外,交联状石墨烯气凝胶支撑的 1-十四醇(1-TD)复合相变材料在外界压力之下也能保持原有的固体形状,这使 1-十四醇(1-TD)复合相变材料同样在恶劣的环境之下方可顺利进行定形相变,有效吸收或释放大量的热量来实现能源转换。

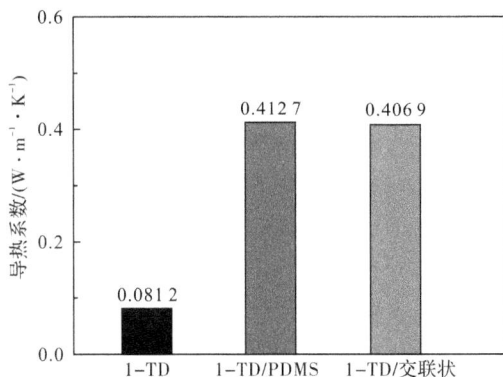

图 4-3-6　改性石墨烯气凝胶支撑的 1-十四醇(1-TD)复合相变材料导热系数比较

4.3.2　1-TD/改性石墨烯气凝胶复合相变材料的化学性能

改性石墨烯气凝胶支撑的 1-十四醇(1-TD)复合相变材料是否具有稳定的化学性能将直接关系到复合相变材料相变储能的反复使用。因此,通过 X 射线衍射仪来表征并判断其特征峰来证明改性石墨烯气凝胶和相变材料 1-十四醇(1-TD)之间是否发生化学反应。聚二甲基硅氧烷(PDMS)改性石墨烯气凝胶、交联状气凝胶、1-十四醇(1-TD)以及相关复合相变材料的 X 射线衍射结果(XRD)如图 4-3-7 所示。聚二甲基硅氧烷(PDMS)仍然表现为无结晶体,只在衍射角接近 10°的范围出现一定程度的特征峰。相变材料 1-十四醇(1-TD)也具有两个不同结构的特征峰,与聚乙二醇(PEG)相比,特征峰的位置稍微有所不同。因改性气凝胶支撑的 1-十四醇(1-TD)复合相变材料中相变材料的占比很高,故 1-十四醇(1-TD)复合相变材料的特征峰与 1-十四醇(1-TD)几乎完全是一样的。与此同时,1-十四醇(1-TD)复合相变材料除了 1-十四醇(1-TD)的特征峰以外也不出现新的特征峰,足以证明改性石墨烯气凝胶支撑的 1-十四醇(1-TD)复合相变材料在制备过程中只发生物理性变化,并未发生任何的化学反应。浸渍到气凝胶内部的 1-十四醇(1-TD)也同样保持原有的结构特性,复合相变材料也具有很高的相变储能能力。X 射线衍射结果(XRD)虽然反映出石墨烯气凝胶与 1-十四醇(1-TD)之间的化学稳定性,但在发生相变过程之后是否同样具有稳定的化学性能还是有局限性的。

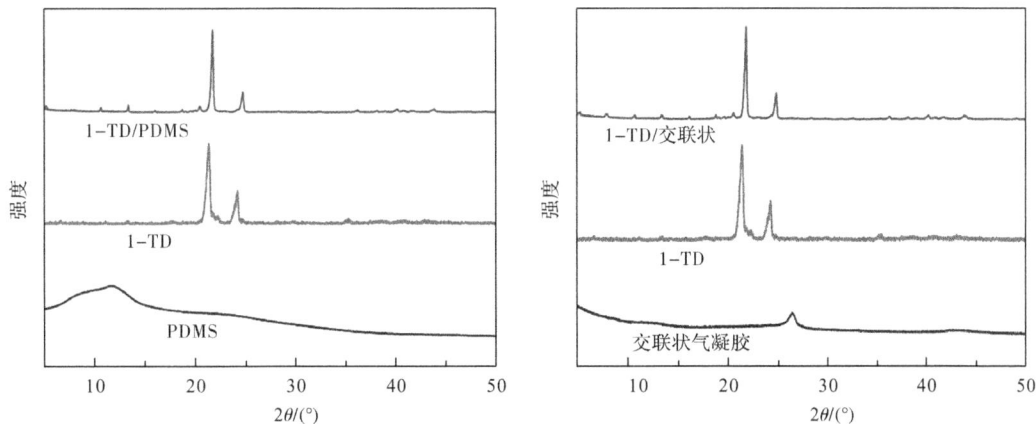

图 4-3-7　聚二甲基硅氧烷(PDMS)、交联状气凝胶、1-十四醇(1-TD)以及改性石墨烯气凝胶支撑的
1-十四醇(1-TD)复合相变材料 X 射线衍射结果

为了检验在反复发生相变过程之后 1-十四醇(1-TD)复合相变材料的结构特性,我们采用了红外光谱仪(FT-IR)对其 1-十四醇(1-TD)复合相变材料进行表征。图 4-3-8 所示为聚二甲基硅氧烷(PDMS)改性石墨烯气凝胶和交联状石墨烯气凝胶支撑的 1-十四醇(1-TD)复合相变材料在进行 100 次温度循环相变过程前、后的红外光谱测试结果。采用差示扫描量热仪(DSC)对 1-十四醇(1-TD)复合相变材料进行温度循环测试,使复合相变材料发生相变过程;当 1-十四醇(1-TD)复合相变材料进行 100 次温度循环相变过程之后,将比较复合相变材料的特征结构。从红外光谱仪(FT-IR)的测试结果中可以看出,两种改性石墨烯气凝胶支撑的 1-十四醇(1-TD)复合相变材料在进行 100 次温度循环之后仍然保持原有的结构特征,且尚未发生化学反应。显然,改性石墨烯气凝胶支撑的 1-十四醇(1-TD)复合相变材料也同样具有长期的反复使用性,稳定转换其自身的相变储能。通过 X 射线衍射仪(XRD)和红外光谱仪(FT-IR)测试结果来判断,改性石墨烯气凝胶支撑的 1-十四醇(1-TD)复合相变材料也具有稳定的化学性能,同时可以反复利用其相变储能来实现热能转换。

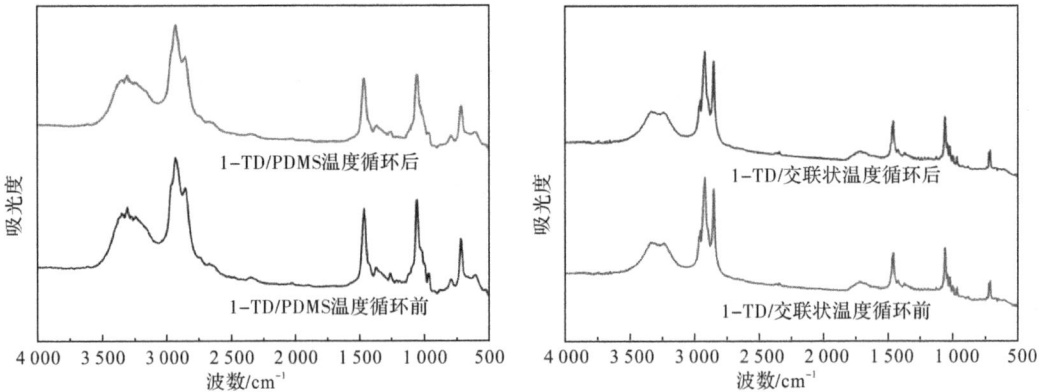

图 4-3-8 改性石墨烯气凝胶支撑的 1-十四醇(1-TD)复合相变材料的差示扫描量热仪(DSC)
100 次温度循环测试前、后红外光谱比较

4.3.3 1-TD/改性石墨烯气凝胶复合相变材料的储热性能

改性石墨烯气凝胶支撑的 1-十四醇(1-TD)复合相变材料的储热性能同样由复合相变材料的相变焓来决定其储热大小。使用差示扫描量热仪(DSC)来测定聚二甲基硅氧烷(PDMS)改性石墨烯气凝胶支撑的 1-十四醇(1-TD)复合相变材料的相变温度及相变焓且相关测试结果如图 4-3-9 和表 4-3-3 所示。根据测试结果来判断,1-十四醇(1-TD)的熔点为 43 ℃左右,冷却温度则约为 30 ℃;相变过程时的相变潜热也超过 210 kJ/kg,具有很高的相变储能能力。1-十四醇(1-TD)复合相变材料的相变温度、相变焓也同样十分接近 1-十四醇(1-TD),可以看出复合相变材料也具有很高的相变潜热。对其 1-十四醇(1-TD)复合相变材料进行 100 次温度循环测试之后,复合相变材料的相变温度和相变焓的变化也很微小。由此可见,聚二甲基硅氧烷(PDMS)改性石墨烯气凝胶支撑的 1-十四醇(1-TD)复合相变材料也具有很高的相变焓,可以反复利用其相变过程中的相变储能。

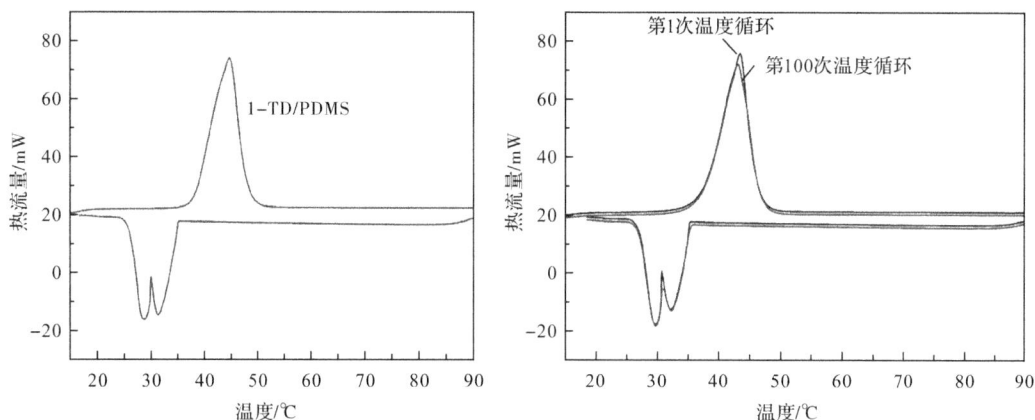

图 4-3-9　聚二甲基硅氧烷(PDMS)改性石墨烯气凝胶支撑的 1-十四醇(1-TD)复合相变材料
差示扫描量热仪(DSC)温度循环测试结果

表 4-3-3　　　　　复合相变材料差示扫描量热仪(DSC)及温度循环测试结果

样品	$T_m/℃$	$\Delta H_m/(kJ \cdot kg^{-1})$	$T_c/℃$	$\Delta H_c/(kJ \cdot kg^{-1})$
1-TD/PDMS	43.39	214.82	30.62	212.53
第 100 次温度循环	43.26	212.97	30.51	211.79

与此同时,交联状石墨烯气凝胶支撑的 1-十四醇(1-TD)复合相变材料的差示扫描量热仪(DSC)测试结果如图 4-3-10 和表 4-3-4 所示。可以看出,1-十四醇(1-TD)复合相变材料的相变温度、相变焓同样都十分接近 1-十四醇(1-TD)。对于 1-十四醇(1-TD)复合相变材料进行 100 次温度循环测试之后,1-十四醇(1-TD)复合相变材料的相变温度和相变焓的变化同样也很微小。显然,交联状墨烯气凝胶支撑的 1-十四醇(1-TD)复合相变材料也具有很高的相变焓,相变储能可以反复使用。通过差示扫描量热仪(DSC)的测试结果我们可以断定,改性气凝胶支撑的 1-十四醇(1-TD)复合相变材料在相变过程中与聚乙二醇(PEG)吸收或释放更多的热量,同时稳定利用其自身的相变储能与外界进行热能转换。

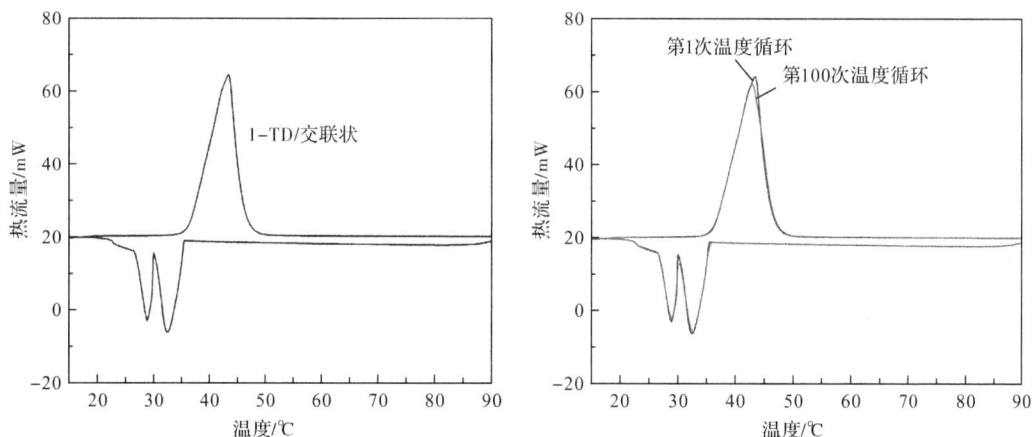

图 4-3-10　交联状石墨烯气凝胶支撑的 1-十四醇(1-TD)复合相变材料差示扫描量热仪(DSC)温度循环测试结果

表 4-3-4　　　复合相变材料差示扫描量热仪(DSC)及温度循环测试结果

样品	$T_m/℃$	$\Delta H_m/(kJ \cdot kg^{-1})$	$T_c/℃$	$\Delta H_c(kJ \cdot kg^{-1})$
1-TD/PDMS	42.87	213.72	30.27	212.41
第100次温度循环	42.06	213.11	30.02	212.18

4.4　改性复合相变材料的潜在应用

通过一系列的表征可以看出,改性石墨烯气凝胶支撑的复合相变材料具有稳定的定形相变特性,同时在相变过程中吸收或释放大量的热量。特别是交联状石墨烯气凝胶比聚二甲基硅氧烷(PDMS)改性石墨烯气凝胶具有更优越的机械性能,不仅能装满大量的相变材料,而且在外界压力作用下也能保持原有形状,避免发生结构形变。制备高相变储能的复合相变材料可以解决相变材料的泄漏问题,同时充分利用其复合相变材料的相变储能来实现热能转换。根据改性石墨烯气凝胶支撑的复合相变材料的综合性能可以看出,改性石墨烯气凝胶因具有优异的柔韧性,故可有效防止在浸渍过程中出现的体积收缩,保持原有的立体结构,使相变材料充分渗透到气凝胶内部空间形成稳定的复合相变材料。随着石墨烯气凝胶机械性能的增强,这些气凝胶所支撑的复合相变材料同样具有很高的机械性能。不难看出,交联状石墨烯气凝胶支撑的复合相变材料在受到外界压力的情况之下仍然保持原有的结构形状不发生液体泄漏。对于高机械性能的复合相变材料而言,放置于气候相对恶劣的自然环境下进行反复的热能转换是最有实际意义的。尽管石墨烯气凝胶支撑的复合相变材料在温度变化的环境中可以进行定形相变的热能转换,但一旦出现狂风或沙尘暴等恶劣气候,复合相变材料的定形相变过程就受到很大程度的影响。因此,在沙漠或者热带海域,高机械性能的复合相变材料可以有效吸收大量的外界热量并转化为相变储能。可在沙尘、大风及海浪的冲击下同样保持稳定的结构特性并取代一些金属设备长期进行外界能源的热能转换。不仅如此,在锅炉或汽车尾气等高温排气系统中使用高机械性能的复合相变材料也能实现相变储能的能源转换。可以使用不同相变温度的复合相变材料,将其相变过程中产生的温差应用于温差发电效应以收集大量的电能。可以说,改性石墨烯气凝胶支撑的复合相变材料在热电效应领域中具有巨大的潜在应用。聚乙二醇(PEG)复合相变材料的相变温度超过 60 ℃,在较高的温度环境下可发生固-液相变并吸收大量的外界热量。然而,1-十四醇(1-TD)复合相变材料在 40 ℃ 的外界环境之下也能发生固-液相变有效吸收外界热量,即在相对较低温度的条件之下也能进行定形相变。由此断定,利用温差效应装置并连接聚乙二醇(PEG)和 1-十四醇(1-TD)复合相变材料,在同样的环境下也能进行温差效应产生电能。显然,在热能转换解决能源危机的重大领域中,改性石墨烯支撑的复合相变材料具有很大的潜在应用前景,在多种地理环境中充分利用相变材料的高相变储能实现能源转换。

第5章

复合相变材料的能源转换

5.1 相变储能的特性

5.1.1 吸热相变的储热能

复合相变材料进行热能转换时同样伴随着固-液相变的吸热过程。提高环境温度,使相变材料在发生相变的同时吸收大量的外界热量并将其转化为自身的相变储能。即使改性石墨烯气凝胶支撑的复合相变材料在外部结构上保持固体形状,气凝胶内部的相变材料也会发生相应的相变过程。改性石墨烯气凝胶支撑的复合相变材料的吸热相变过程如图 5-1-1 所示。由于复合相变材料中相变材料占比极高,其相变过程与相变材料的相变过程完全一致。因吸收外界热量开始进入相变储能阶段,故自身的相变储能也随之增加。当相变过程完全结束之后,复合相变材料即进入吸热阶段,自身温度也发生变化。

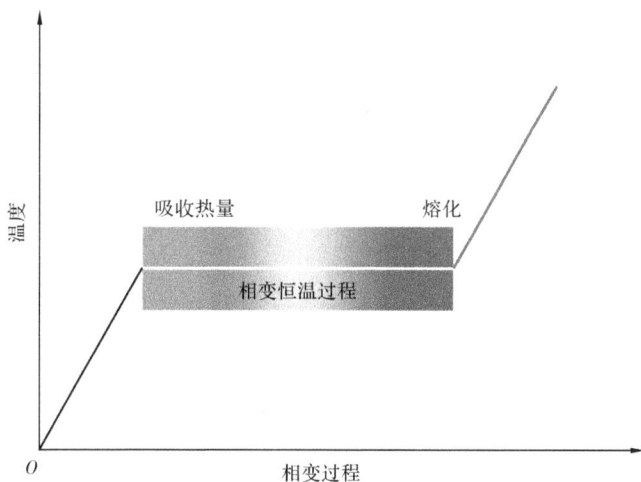

图 5-1-1　吸热相变过程

根据差示扫描量热仪(DSC)的测试结果可以得知,复合相变材料的相变储能由相变焓的大小来判断。相变焓间接表示复合相变材料的相变潜热,相变焓越大,复合相变材料在相变过程中的相变储能能力也越高。复合相变材料在吸热相变过程中吸收的总热量(包括转化的相变储能)由总体积焓(H)来表示,其计算公式为

$$H(T) = h(T) + \rho_1 f(T)\lambda \tag{5-1}$$

不难看出,复合相变材料的总体积焓(H)是其显体积焓(h)和熔化潜热(λ)的总和。其中,显体积焓(h)可视为复合相变材料在固-液相变过程每单位体积所吸收的外界热量。显体积焓(h)在相变过程中的参数变化为

$$h = \int_{T_m}^{T} \rho c \, dT \tag{5-2}$$

我们由此推断,复合相变材料的熔点 T_m 也能影响其显体积焓(h)的大小。由于不同复合相变材料具有不同的比热容,随着环境温度的改变,复合相变材料的显体积焓(h)也同样出现差异。因吸热相变过程中,石墨烯气凝胶内部的相变材料发生固-液相变,液体相变材料在相变体系中占据的体积分数为

$$f = \begin{cases} 0, & T < T_m (固相) \\ 0 \sim 1, & T = T_m (固液混合) \\ 1, & T > T_m (液相) \end{cases} \tag{5-3}$$

显然,当外界温度 T 低于熔点 T_m 时,复合相变材料尽管不发生相变过程,但同样吸收外界热量。由此可见,当环境温度与复合相变材料的熔点不同时,在吸热过程中的总体积焓(H)也发生变化,其计算公式为

$$H = \int_{T_m}^{T} \rho_s c_s \, dT \qquad T < T_m (固相) \tag{5-4}$$

$$H = \rho_1 f \lambda \qquad T = T_m (熔化过程) \tag{5-5}$$

$$H = \int_{T_m}^{T} \rho_1 c_1 \, dT + \rho_1 \lambda \quad T > T_m (液相) \tag{5-6}$$

根据式(5-4)~式(5-6),可以间接得知复合相变材料的熔点 T_m 是其复合相变材料在外界环境中进行吸热相变储能的关键要素。改性石墨烯气凝胶支撑的聚乙二醇(PEG)和1-十四醇(1-TD)两种复合相变材料因熔点不同,故即使在同一个外界环境下,它们吸收外界热量并转化成自身的相变储能能力也是不一样的。可见,使用差示扫描量热仪(DSC)测试得到的相变焓不同也能证明不同相变材料在不同熔点下与外界环境进行相变热转换的一系列过程。总之,复合相变材料在吸热相变过程中可以转化大量的外界热量,在保持原有的结构形状下其相变储能在冷却或热能转换中具有十分重要的利用价值。

5.1.2 放热相变的储热能

复合相变材料在环境温度升高时吸收外界热量发生固-液相变过程。环境温度的降低使复合相变材料开始出现冷却过程并释放自身的相变储能。由于石墨烯气凝胶缠绕液体相变材料,在冷却时复合相变材料也始终保持原有的固体形状,并且释放大量的相变储能。图5-1-2所示为复合相变材料在冷却过程中发生放热相变的过程。显然,当外界环境温度低于复合相变材料的冷却温度 T_c 时,复合相变材料开始进入放热相变过程。由

于放热相变过程机理与吸热过程完全一致,复合相变材料的冷却温度(T_c)直接影响其放热相变时的总体积熔(H)。可见,在放热过程中总体积熔(H)的计算公式为

$$H = \int_{T_c}^{T} \rho_l c_l \mathrm{d}T + \rho_l \lambda \qquad T > T_c (液相) \tag{5-7}$$

$$H = \rho_l f \lambda \qquad\qquad\quad T = T_c (冷却过程) \tag{5-8}$$

$$H = \int_{T_c}^{T} \rho_s c_s \mathrm{d}T \qquad\quad T < T_c (固相) \tag{5-9}$$

$$f = \begin{cases} 1, & T > T_c (液相) \\ 0\sim1, & T = T_c (固液混合) \\ 0, & T < T_c (固相) \end{cases} \tag{5-10}$$

通过式(5-7)～式(5-10)我们可以推断,复合相变材料的冷却温度 T_c 同样是影响放热相变储能的重大要素。根据不同复合相变材料的不同比热容 c,且外界环境温度的变化,复合相变材料的总体积熔(H)也发生改变,在冷却过程中释放不同程度的相变储能。

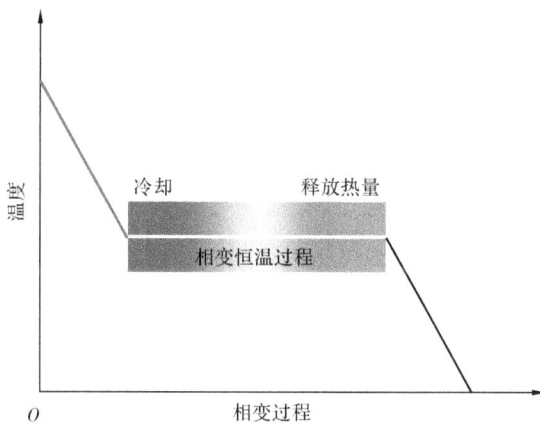

图 5-1-2　放热相变过程

显然,复合相变材料的冷却相变熔同样由差示扫描量热仪(DSC)在测试中获得的。然而,复合相变材料的冷却相变熔(ΔH_c)始终低于其熔化相变熔(ΔH_m),证明吸热过程中转化的相变储能并非完全释放于外界环境。其实,相变材料的相变机理可视为相变过程中晶体结构发生物理变化并且在变化过程中吸收外界热量。因相变材料的晶体发生变化时吸收大量的外界热量,故可断定相变材料具有很高的相变储能能力。同样,在冷却过程中相变材料开始恢复原有的物理结构并释放其自身的相变储能来实现放热相变效果。尽管在冷却过程中释放大量的热量,但其相变储能可谓是相变材料自身的内能,在释放过程中存在一定的热能损失。由此可见,复合相变材料在冷却过程中释放的热量低于其吸收转化的相变储能。由于1-十四醇(1-TD)的分子量低,冷却过程中物理结构变化中所需的内能很少,我们可知1-十四醇(1-TD)及其相应的复合相变材料的熔化相变熔(ΔH_m)

与冷却相变焓(ΔH_c)的差值同样很小。相反,聚乙二醇(PEG)则属于高分子系列,其冷却过程中恢复原有的结构形状所需的内能较大,相应的熔化相变焓(ΔH_m)与冷却相变焓(ΔH_c)的差值跟 1-十四醇(1-TD)相比是比较大的。尽管如此,复合相变材料依然在冷却过程中释放大量的相变储能,可以起到外界保温效果,在相变储能的能源转换领域中同样具有很大的应用价值。

5.2 复合相变材料在能源转换中的应用背景

根据复合相变材料的相变特性,在能源转换领域利用其高相变储能受到越来越多的关注。复合相变材料的制备也同样由定形保温材料逐步取代至转换热能的能源材料。复合相变材料在能源转换中的应用可在一定程度上解决能源危机,应长期循环利用复合相变材料的相变储能,将其有效转换为电能或机械能。众所周知,可再生能源的实际应用已成为新的研究领域,普及清洁能源并减少化石燃料的使用将大幅度降低环境污染及温室效应。对于可再生能源而言,太阳能是最有发展前景的清洁能源,每天抵达地球的太阳能可以说是非常巨大的。然而,目前实际利用太阳能来获得的转换能源与抵达地球的太阳能相比是微不足道的。尽管已大量生产太阳能热水器、太阳能蓄电池等环保产品,但能源转换效率较低及太阳光强度的需求较高仍然成为技术性的问题。更重要的是,无法充分吸收并储存外界能源会造成很大的能源损失,并且影响太阳能的实际应用。复合相变材料不仅具有定形相变特性,而且在固-液相变过程中吸收大量的外界热能(包括太阳能)并转化为自身的相变储能。复合相变材料储存的相变储能随着环境温度的降低而被释放出来,在冷却过程中也同样使用其大量的相变储能。不同地区的太阳光强度存在差异,在热带地区复合相变材料的应用价值相对较高,长期循环使用高机械性能的复合相变材料可以有效利用太阳能进行能源转换,很大程度上缓解能源短缺及环境污染问题。此外,随着工业自动化生产、汽车和家电的大量普及,在机械中产生的废热也急剧增加。废热的排放是不可避免的,但充分利用废热资源并有效进行能源转换也可以收获不少电能及其他机械能。显然,复合相变材料在废热回收中的作用是不可忽视的。因具有高相变储能,复合相变材料在废热环境中极易发生固-液相变并吸收大量的外界热量。不仅如此,在持续出现废热,甚至有热流的环境下,复合相变材料可以长时间进行外界热量的吸收,同时保持恒温相变,进而产生阻热能源转换效果。复合相变材料在废热回收领域中的产业化对可再生能源应用而言具有巨大的发展前景,也可以缓解能源短缺及能源浪费等重大问题。根据复合相变材料的相变特性,在吸热和放热过程中实现能源转换,其中热电效应是最受关注的领域之一。复合相变材料在热电效应中的实际应用由原先吸收的相变储能的温差发电发展为同一个环境变化中的温差能源转换。聚乙二醇(PEG)和 1-十四醇(1-TD)复合相变材料因具有不同的相变温度,在同一个环境下吸收太阳光或废热时出现的恒温相变过程也是存在差异的。因此,利用两种不同复合相变材料在相变过程中产生的温差效应,可以进行温差发电并反复收获电能,实现能源转换。对复合相变材料的热电效应,我们在下一节有更加具体的讲述。总的来说,可再生能源的大量应用有助于防止能源危机,使复合相变材料在能源转换领域中有着很大的发展前景,长期循环使用可以在实际生活中带来源源不断的再生能源。

5.3　复合相变材料的热电效应

5.3.1　塞贝克效应及热电能转换

提起复合相变材料在能源转换中的应用领域,热电效应引起的温差发电是最为常见的能源转换模式。其中,由两种不同金属或半导体的温差引起两种物质间产生电势差的热电效应称为塞贝克效应。塞贝克效应是德国物理学家托马斯·约翰·塞贝克在 1821 年做两种不同金属的温差载体实验时发现的。简单来说,在由两种金属或半导体组成的回路中,因两个接触点的温度出现差异而产生的电势差使回路中形成的电流称为热电流。塞贝克效应中的热电流顺着温度梯度方向流动。因两个接触点出现温差而出现温度梯度,在热端附近的电子开始吸收外界热量并被激发成自由电子向冷端运动。电子的流动使回路中形成电势差,同时在该电势差的作用下回路中出现定向的热电流。尽管两种不同金属在温差条件下可以产生塞贝克效应,但其受热激发的自由电子密度几乎不会随着温度发生改变,可以说金属的塞贝克效应比较微小。然而,由两种半导体组成的热电回路的塞贝克效应则截然不同。根据半导体中的电子浓度,我们将半导体分为 N 型半导体和 P 型半导体。这两种半导体的结构特征如图 5-3-1 所示[32]。构成半导体的硅(Si)原子最多可以结合四种原子形成稳定的化学结构。N 型半导体将额外的带电粒子掺杂在硅(Si)原子的结构表面,使 N 型半导体含有众多掺杂的自由电子,具有较高的电子密度。与此相反,P 型半导体将除去与部分硅(Si)原子形成化学结构的其他原子,使半导体内部出现空穴结构。连接 N 型半导体和 P 型半导体而形成的结构一般指定为 PN 结。因 N 型半导体中的自由电子浓度远远大于空穴浓度,其载体可谓是自由电子;P 型半导体中则相反,是以空穴为载体的半导体。当 PN 结半导体的接触点出现温差并产生温度梯度时,在热端 N 型半导体的自由电子将吸收外界热量并激发移动到对面的 P 型半导体。同时,在 P 型半导体中的空穴可以当作电子的移动空间,使从 N 型半导体激发而来的自由电子顺利抵达并顺利通过。源源不断的自由电子通过空穴,可以在 PN 结两端产生电势差并形成热电流,这就是半导体回路的塞贝克效应。与金属结构不同的是,PN 结在不同温度下具有不同的载体密度,两端的温差越大,产生的电势差及电流也越大。由此可见,在塞贝克效应的实际应用中一般使用半导体回路当作温差发电装置并通过两端温差来产生热电流。塞贝克效应的温差发电在吸收外界热量进行能源转换的应用中具有很大的利用价值,尤其是在缓解能源短缺问题和研发可再生能源领域中可以说是不可或缺的。

在塞贝克温差效应的实际应用中,由 PN 结组成的半导体装置取代原先的传统温差

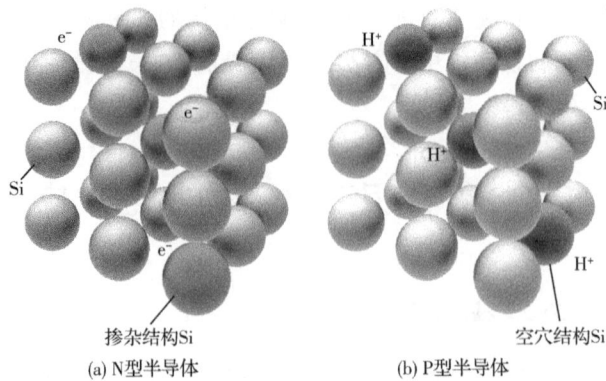

(a) N型半导体   (b) P型半导体

图 5-3-1　N 型半导体和 P 型半导体的结构

发电装置。传统温差发电装置和 PN 结温差发电装置结构如图 5-3-2 所示[33]。从图中可以看出,传统温差发电装置同样使用 P,N 型半导体并用金属薄片来连接形成电子回路。该结构的温差发电装置虽然在半导体两端出现温差条件下产生热电流,但其半导体两端温差发生逆转时,冷、热端的位置也随之发生转变。因热电流的方向由受热激发的电子运动方向所决定,冷、热端的变换同样改变其热电流的流动方向。相反,PN 结温差发电装置中 P,N 型半导体是相互接触的。这些半导体之间的接触面称为空间电荷区。存在空间电荷区的温差发电装置中,N 型半导体的自由电子朝着空间电荷区移动并与 P 型半导体中的空穴进行结合。空穴中结合的自由电子不断通过其他空穴流动,在回路中产生热电流。与传统温差发电装置相比,PN 结温差发电装置具有制作过程更为简洁、热端可以不需要导热陶瓷以及吸热转换效率高等优点。尽管在低温时 PN 结温差发电装置空间电荷区在一定程度上阻止自由电子的流动而影响热电效应,在实际应用中可以利用半导体两端温差来进行有效的热能转换并形成稳定的热电流。

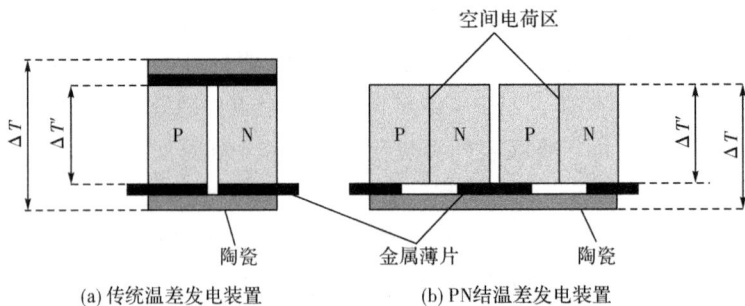

(a) 传统温差发电装置   (b) PN 结温差发电装置

图 5-3-2　传统温差发电装置与 PN 结温差发电装置

由于 PN 结的温差发电装置存在空间电荷区,产生的热电流同样有正、反方向。具体来讲,N 型半导体中激发的自由电子朝着空间电荷区移动时阻力是较小的。然而,朝着远离空间电荷区进行电子流动时,这些自由电子需要克服能量位垒,其阻力是很大的。图

5-3-3 所示为自由电子在正方向流动时的电子跃迁过程。由图可以得知,自由电子朝着空间电荷区的流动热端温度或半导体两端的温差是有直接相关的。电子流动时遇到的阻力也小,吸收一定热量的自由电子可以方便地通过空间电荷区达到 P 型半导体的空穴。因电子流动顺利,温差发电装置在正方向可以观察到稳定的热电流。相反,自由电子在反方向流动时的电子跃迁过程如图 5-3-4 所示。显然,远离空间电荷区的自由电子要面临很高的能量位垒,若要跃迁抵达 P 型半导体的空穴,需要大量的外界能量,温差发电装置的电子流动在反方向是受到阻碍的。由此可见,PN 结的温差发电装置根据两种不同半导体的接触结构而划分冷、热两端,当装置中的热端温度始终高于其冷端时,回路中可以产生稳定的热电流。PN 结温差发电的原理如图 5-3-5 所示。把 PN 结当作一种电池,通过自由电子朝着正方向移动并出现热电流可视为塞贝克温差发电。根据热电流方向,N 型半导体在温差电池中充当正极,可以向外界提供温差电能。塞贝克温差发电的热电效率由热电优值(ZT)来评估[34],即

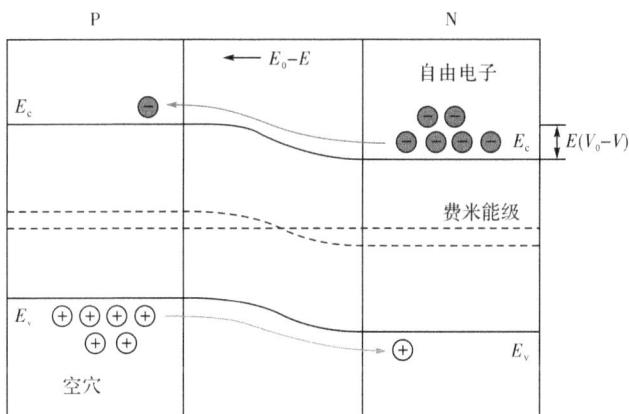

图 5-3-3　正方向流动时电子跃迁原理

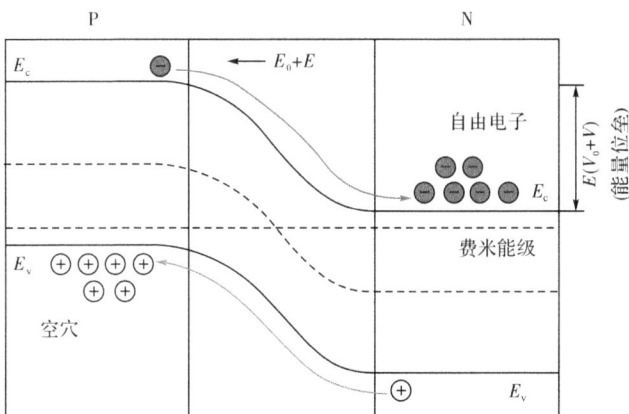

图 5-3-4　反方向流动时电子跃迁原理

(a) 正方向

(b) 反方向

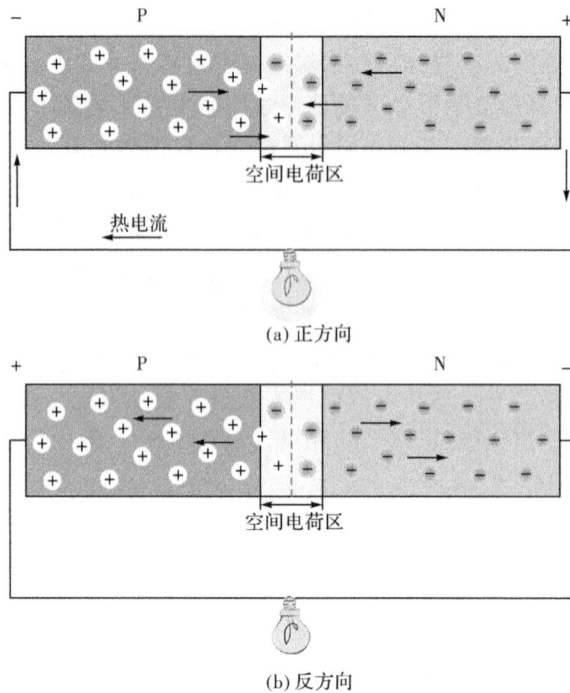

图 5-3-5　PN 结温差发电的原理

$$ZT = \frac{\alpha^2}{R_e k} T \tag{5-11}$$

式中　α——塞贝克系数；

　　　R_e——电阻；

　　　k——导热系数。

根据式(5-11)可以判断,温差发电效率的大小是由塞贝克系数、发电装置的导电导热能力以及环境温度所决定的。

根据温差发电装置的种类,热电优值(ZT)的大小也随之发生改变。在发生温差发电效应过程中,我们通过热能转换效率 η_{TEG} 来表示能源转换程度。同时热能转换效率的大小也跟热电优值和冷、热两端温差($\Delta T = T_{hot} - T_{cold}$)是直接相关的。其计算公式为

$$\eta_{TEG}(\Delta T) = \frac{\Delta T}{T_{hot}} \cdot \frac{\sqrt{1 + ZT} - 1}{\sqrt{1 + ZT} + \dfrac{T_{cold}}{T_{hot}}} \tag{5-12}$$

因塞贝克效应是热端温度(T_{hot})和冷端温度(T_{cold})之间产生温差而产生的,故电能转换效率同样受到温差装置两端温度的影响。一般情况下,热端温度较高,且两端温差越大,热能转换效率越高。因此,温差发电装置的外界功率(P_{out})与装置的内部热流(q_{in})之比同样等于热能转换效率,即

$$P_{out} = \eta_{TEG} \cdot q_{in} \tag{5-13}$$

由于外界功率(P_{out})与其温差电压(V_s)成正比,其温差电能转换能力越大,回路中产生的电压值越高。温差效应中产生的温差电压(V_s)是决定外界输送电能及电流的关键

因素,其计算公式为

$$V_s = \alpha \Delta T \tag{5-14}$$

不难看出,温差电压(V_s)由塞贝克系数和冷、热两端温差(ΔT)来决定,特别是环境温度升高且两端温差值变大,产生的温差电压值也同样变大。当 PN 结组成的温差发电装置的热端温度高于其冷端温度时,N 型半导体中激发的自由电子朝着空间电荷区移动并顺利抵达 P 型半导体的空穴,使回路中出现热电流。此时的热电流与温差电压(V_s)成正比,其电流值随着温差电压的大小而改变。当 PN 结温差发电装置的冷端温度高于其热端温度时,自由电子的运动方向可以说是逆转的。自由电子开始远离空间电荷区进行移动,开始克服能源位垒,即

$$I_0 \propto \exp\left(\frac{-E_g}{\xi k_B T_{hot}}\right) \tag{5-15}$$

式中　E_g——与能源位垒相关的活化能;

　　　ξ——热电常数,$1 \leqslant \xi \leqslant 2$;

　　　k_B——玻尔兹曼常数。

从式(5-15)可以得知,逆向电流值主要由热端温度决定。因存在能源位垒,从而形成电阻,故此时在回路中只能观察到泄漏电流。环境温度与正、反方向电流的关系如图 5-3-6 所示。在正方向由于自由电子极易与空穴进行结合形成电子流动,此时的电流大小随着温度的升高而逐渐变大。然而,逆向流动的自由电子被阻止于电能位垒,只有少数电子受到局部激发移动到 P 型半导体。尽管温度的升高可以增加自由电子的流动,但整体上出现的电流仍然是微小的。由此可见,温差发电装置的热端温度要高于其冷端温度,且温差值高时我们可以在回路中看到稳定而理想的热电流,并且将这些电能应用于实际生活中。

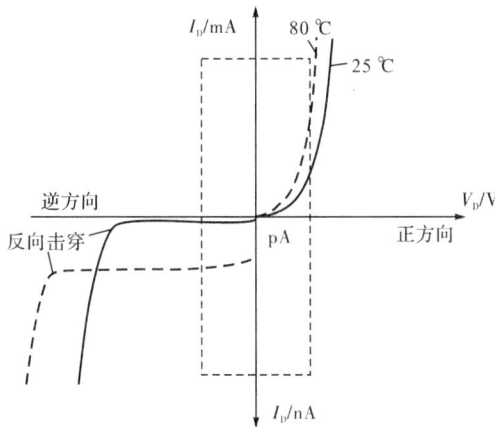

图 5-3-6　正、反方向电流与温度的关系

复合相变材料在塞贝克温差发电效应中的应用主要是利用其恒温相变过程,因复合相变材料具有高相变储能,持续的相变过程较长,在不同的环境温度下可以控制温差发电装置的两端温度。此外,在冷却过程中复合相变材料开始释放出大量的相变储能并进入恒温冷却阶段。结合复合相变材料和 PN 结温差发电装置的实际应用,通常把复合相变

材料放置于温差发电装置的热端,在相变过程中于冷端出现温差而产生热电流。最初实现复合相变材料的温差发电是将复合相变材料放置于温差发电装置的热端并加热复合相变材料使其发生固-液相变,吸收大量的外界热能。与此同时,始终固定冷端温度,不断维持其与热端之间的温差。吸收外界热量并在放热相变过程中的温差发电流程如图 5-3-7 所示。采用聚乙二醇(PEG)复合相变材料在 80 ℃的环境温度下充分吸收外界热量并转化成自身的相变储能。PN 结冷端始终沉浸于冰水中使复合相变材料在放热相变过程中 PN 结冷、热端出现较大的温差。

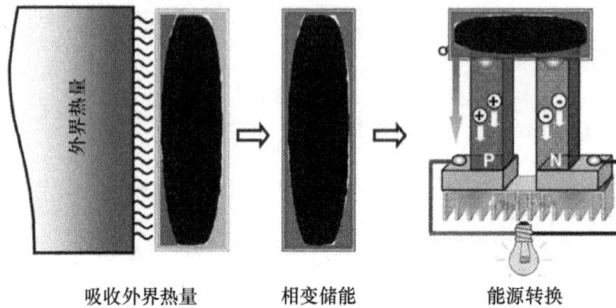

吸收外界热量　　　相变储能　　　能源转换

图 5-3-7　复合相变材料在放热相变过程中的温差发电流程

复合相变材料完成定形吸热相变过程之后,将其放置于 PN 结的热端并观察温差热电效应。由于撤掉了外界热源,复合相变材料温度开始急剧降低,直到冷却相变发生时,复合相变材料进入恒温相变阶段。冷却时的温差效应产生热电流如图 5-3-8 所示。从图中可以看出,由于冷、热两端的温差较大,温差发电装置成功开启了小灯泡。小灯泡的开

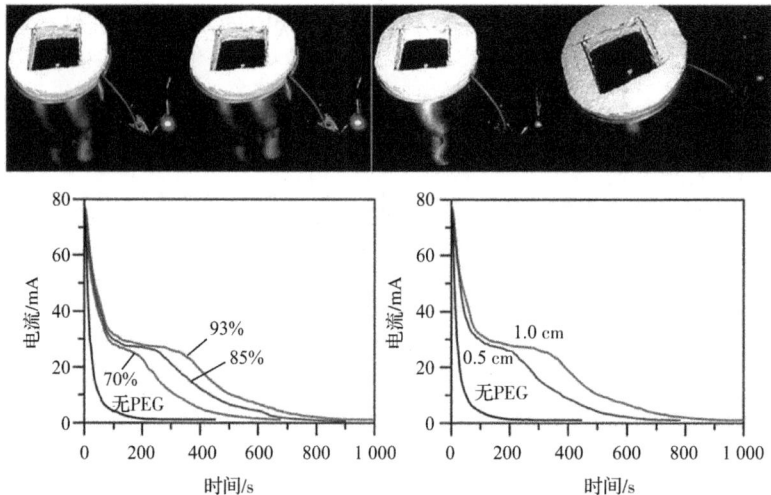

图 5-3-8　温差发电开启小灯泡及产生的热电流比较

启证明了温差电压超过了 1 V。研究中采用混合法把石墨烯均匀分散至聚乙二醇(PEG)来制备出聚乙二醇(PEG)复合相变材料,根据聚乙二醇(PEG)占比的不同,冷却相变时间也随之发生变化。复合相变材料中的聚乙二醇(PEG)的含量越多,相变过程持续时间越长,产生热电流越多。当聚乙二醇(PEG)的占比为 93%时,在相变过程中产生的稳定热电流为 30 mA,持续时间约为 250 s。为了观察复合相变材料厚度对温差效应带来的影

响,研究中采用了 0.5 cm 和 1.0 cm 两种大小的复合相变材料。显然,在温差发电过程中,1.0 cm 的复合相变材料产生了更多的热电流,小灯泡发亮的时间也更长。通过复合相变材料相变储能的温差发电研究我们可以推断,复合相变材料在相变过程中能够将大量的相变储能转换为电能,同时有效控制温差发电装置的热端温度使回路中形成稳定的热电流。

除了在冷却放热相变时的温差发电效应,吸收外界能源,尤其是太阳能的情况下复合相变材料在发生吸热和放热相变过程时能否产生稳定的热电流也同样有着很大的实际意义。复合相变材料吸收太阳能进行温差发电的原理如图 5-3-9 所示[35]。与上述研究不同,本研究直接把复合相变材料放置于温差发电装置的热端并开始吸收太阳能以发生固-液相变。冷端与散热片连接,控制发电装置的冷端温度。按道理来讲,复合相变材料在吸收太阳光时发生相变过程并将大量的太阳能转化成自身的相变储能。而当撤掉光源时,随着环境温度的降低,复合相变材料也开始进入冷却相变过程并释放大量的相变储能。相关过程中发生的热电效应结果如图 5-3-10 所示。因同样采用聚乙二醇(PEG)为相变材

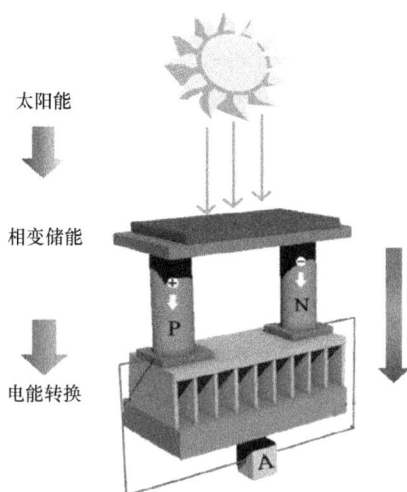

图 5-3-9 复合相变材料吸收太阳能
进行温差发电的原理

料,复合相变材料在吸收太阳能时发生相变并使最终温度达到将近 70 ℃。由于冷端温度始终保持不变,随着热端温度的升高,温差发电装置开始发生温差效应并在回路中产生热电流。在复合相变材料的吸热相变过程时,热电流维持在 25 mA 且最高时达到 35 mA。

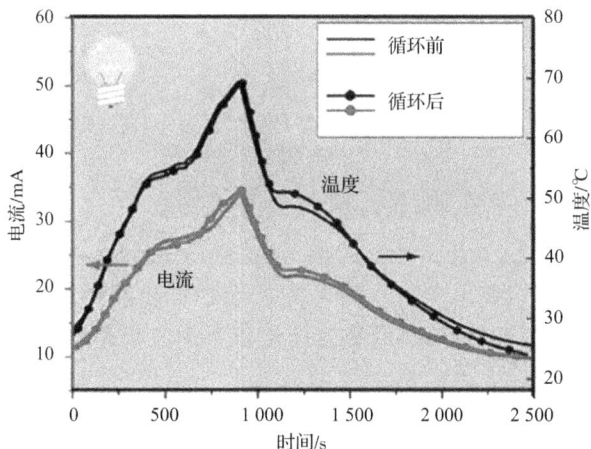

图 5-3-10 复合相变材料反复循环吸热及放热相变过程前、后的温差发电比较

当撤掉光源以后,复合相变材料的温度开始降低,在冷却相变时基本保持恒定的温度。由于回路中产生的热电流与两端温差成正比,我们可以观察到冷却相变时相对稳定的热电

流。为了验证复合相变材料的反复使用性,将进行 100 次温度循环试验并观察其结果。不难看出,循环后的复合相变材料依然保持原有的相变特性,在冷、热相变过程中均产生稳定的热电流。复合相变材料吸收太阳能的研究结果可以证明,复合相变材料除了外界环境温度的变化以外,吸收太阳能也能发生相变过程,并成功进行温差发电效应实现热能转换。

然而,上述的两个研究只改变温差发电装置的热端温度,并且一直控制其冷端温度。尽管复合相变材料发生相变过程时成功产生了热电效应,但在自然环境下无法自动产生温差而实现塞贝克温差发电。为了进一步扩大复合相变材料的应用范围,尤其是不需要任何控制下产生稳定的热电效应,我们使用两种不同的复合相变材料分别连接在温差发电装置的冷、热两端。因此,石墨烯气凝胶支撑的聚乙二醇(PEG)和 1-十四醇(1-TD)复合相变材料被应用于温差发电的研究。由这两种复合相变材料组成的温差发电装置如图5-3-11 所示。因聚乙二醇(PEG)的相变温度高于 1-十四醇(1-TD)的相变温度,在热端放置的为聚乙二醇(PEG)复合相变材料,冷端连接 1-十四醇(1-TD)复合相变材料。通常温差发电装置用绝热材料包裹,只有冷、热两端可以传热并产生温差。复合相变材料所组成的温差发电装置放置于烘箱并把烘箱温度由室温的 25 ℃上升至 80 ℃。显然,加热时 1-十四醇(1-TD)复合相变材料率先发生固-液相变,发电装置的冷端温度开始受到恒温控制。然而,此时的聚乙二醇(PEG)复合相变材料仍然吸收外界热量温度使热端温度不断上升并与冷端出现温差。随着冷、热两端温差变大,回路中开始出现热电流。同样,在冷却过程中,聚乙二醇(PEG)首先进入冷却相变,使冷、热两端出现温差而产生热电流。在上述过程中产生的热电流如图 5-3-12 所示。

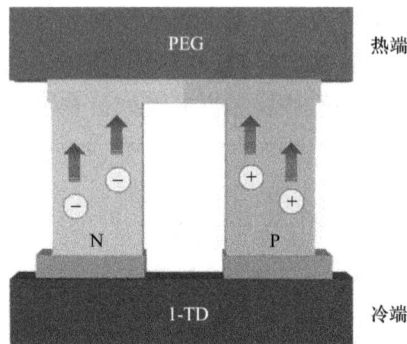

图 5-3-11　由聚乙二醇(PEG)和 1-十四醇(1-TD)复合相变材料组成的温差发电装置

显然,在加热和冷却时都出现温差发电效应,可以证明两种复合相变材料在环境温度的变化中发生相变并自动调节冷、热两端温度使回路中产生热电流。从图 5-3-12 中可以看出,在加热和冷却过程时产生的最大电流均为 10 mA,从加热过程中可以看出两端温差大概持续了 30 min,证明 1-十四醇(1-TD)完成相变过程之后温度开始上升,而此时聚乙二醇(PEG)正处于接近恒温相变阶段。同样在冷却过程中,两种复合相变材料发生不同阶段的相变过程,因在室温环境下冷却,温差效应只维持了 14 min。此外,由于复合相变材料的传热能力有限,复合相变材料的厚度与产生的最大热电流之间也有相关要求。如图 5-3-12(c)所示,当复合相变材料的厚度为 0.5 cm 时,回路中产生的热电流最大,于是在制备改性石墨烯气凝胶支撑的复合相变材料时同样制备厚度为 0.5 cm 的复合相变材料。然而,在冷、热过程中产生的温差电压较小,不足以开启小灯泡。为了利用温差发电时产生的电能,我们采用了 LTC3108 变流器[36],成功增大了电压并在冷、热相变过程中开启了小灯泡。小灯泡的开启证明两种不同的复合相变材料在冷、热相变过程中产生的温差电能可以应用到实际生活中,并且随着环境温度的变化,自动调节温差发电装置的两端温度来产生温差效应。

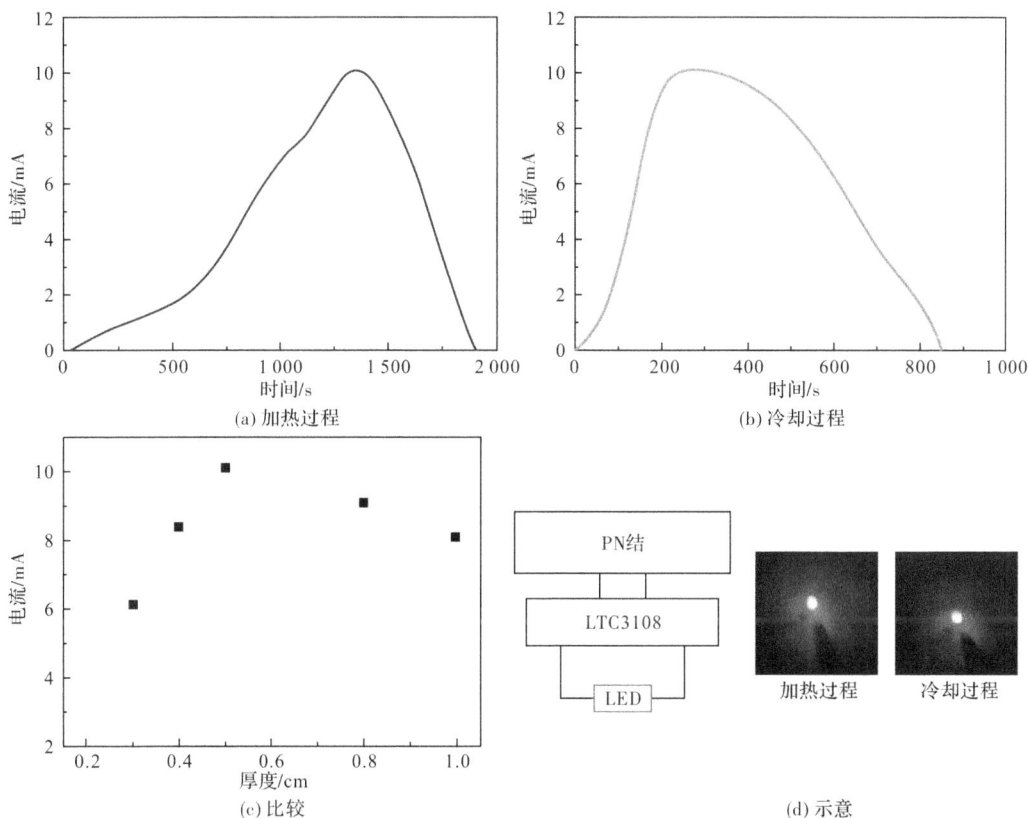

(a) 加热过程

(b) 冷却过程

(c) 比较

(d) 示意

图 5-3-12　本研究中产生的热电流

虽然两种不同的复合相变材料在冷、热相变过程中产生热电流且开启了小灯泡,但当聚乙二醇(PEG)处于相变过程时,1-十四醇(1-TD)的温度持续上升且超过聚乙二醇(PEG);此时的温差发电装置的冷、热两端性质是发生逆转的。环境温度从最初的室温 25 ℃ 升到 80 ℃ 及再次冷却至室温 25 ℃ 时两种复合相变材料的温度变化曲线如图 5-3-13 所示。从图中可以看出,无论是在加热还是冷却时两种复合相变材料均出现温度逆转,足以证明在冷、热两端出现的第二次温差使回路中出现温差电压而形成热电流。由于在原先的装置结构中,1-十四醇(1-TD)复合相变材料与温差发电装置的冷端连接在一起,当冷端温度超过聚乙二醇(PEG)的热端温度时回路中只出现泄漏电流。为了顺利进行温差效应并收集更多的热电流,增加一个温差发电装置且热端由 1-十四醇(1-TD)复合相变材料所取代,冷端与聚乙二醇(PEG)复合相变材料相连。新构成的温差发电装置如图 5-3-14 所示。

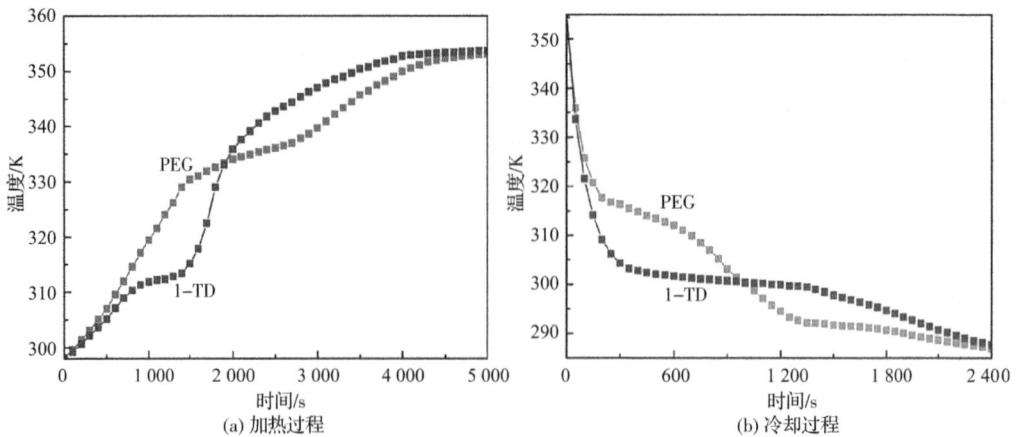

图 5-3-13　聚乙二醇(PEG)和1-十四醇(1-TD)复合相变材料在冷、热过程中的温度变化曲线

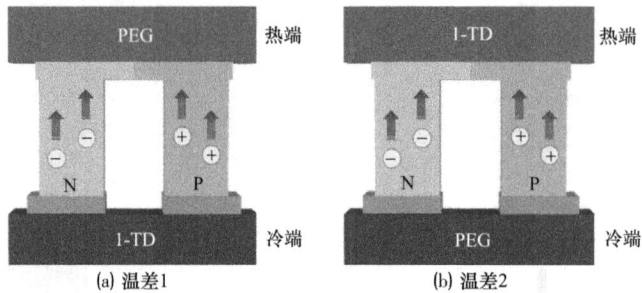

图 5-3-14　新组成的复合相变材料温差发电装置的结构

从图中可以看出,当聚乙二醇(PEG)复合相变材料的温度高于1-十四醇(1-TD)时,我们可以观察到第一次的温差发电效应并收集相应的热电流。当两种复合相变材料的温度发生逆转时,由1-十四醇(1-TD)复合相变材料为热端的发电装置可以接着发生温差发电效应且同时收集第二次的转换电流。与此同时,两种复合相变材料在含有不同质量比的石墨烯纳米薄片(GNP)中显示的导热能力随之不同。通过反复测定得出由质量比为1∶2的氧化石墨烯(GO)和石墨烯纳米薄片(GNP)制备的聚乙二醇(PEG)复合相变材料和按1∶1比例制备的1-十四醇(1-TD)复合相变材料所组成的温差发电装置具有最高的能源转换效率[37]。其冷、热相变过程中可产生的热电流如图5-3-15所示。显然,新的温差发电装置在冷热过程中可充分进行热能转换,与之前发电装置相比产生更多的热电流。可见,复合相变材料组成的两种温差发电装置不仅增加了复合相变材料的相变储能转换效率,而且有效利用了整个冷热过程中产生的温差并收集额外的热电流。

由于原先制备的复合相变材料在制备过程中存在体积收缩现象,因此对支撑材料的石墨烯气凝胶进行改性并成功制备出聚二甲基硅氧烷(PDMS)改性石墨烯气凝胶和交联状石墨烯气凝胶支撑的复合相变材料。这些复合相变材料在同样的厚度条件下吸收更多的相变材料,可以断定在相变过程中吸收或释放更多的热量,产生更多的热电流。为了检验改性石墨烯气凝胶支撑的复合相变材料对温差发电带来的效果,将使用聚二甲基硅氧

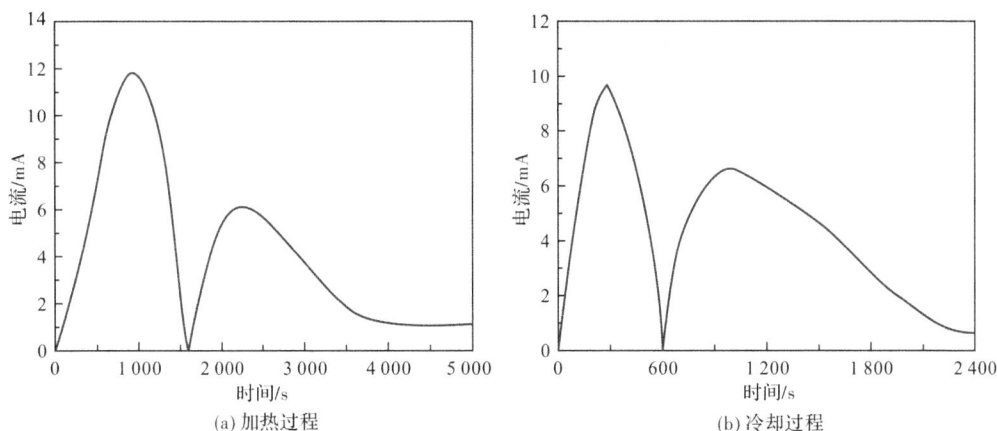

(a) 加热过程　　　　　　　　　　(b) 冷却过程

图 5-3-15　复合相变材料组成的新温差发电装置在冷、热相变过程中产生的热电流曲线

烷(PDMS)改性气凝胶支撑的聚乙二醇(PEG)和 1-十四醇(1-TD)复合相变材料分别连接到温差发电装置且在与之前相同的条件下观察热电效应。图 5-3-16 所示为改性石墨烯气凝胶支撑的复合相变材料和原先复合相变材料进行温差发电产生热电流的比较结果。不难看出,改性后的复合相变材料无论是加热还是冷却时都出现更多的热电流,证明含有更多的相变材料可以具有更多的相变储能,产生的电流也随之增大。与此同时,为了进一步考察复合相变材料在自然环境下吸收太阳能的同时产生温差发电效应,将用复合

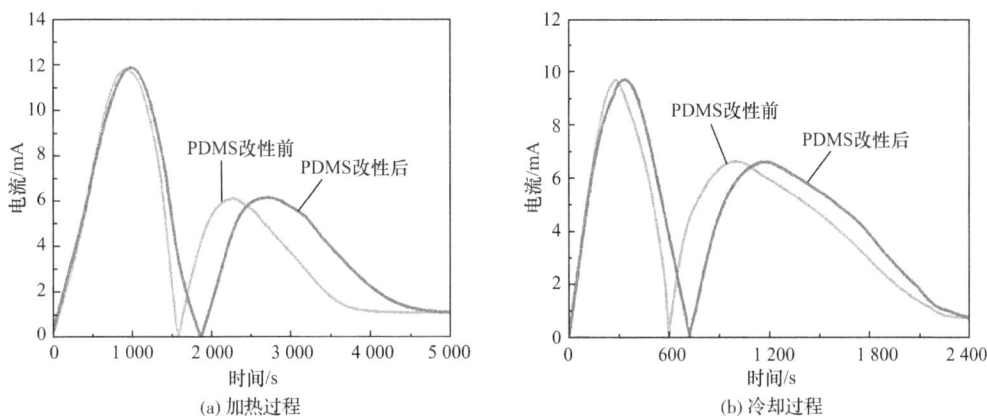

(a) 加热过程　　　　　　　　　　(b) 冷却过程

图 5-3-16　聚二甲基硅氧烷(PDMS)改性石墨烯气凝胶支撑的复合相变材料
温差发电产生的热电流与改性前的比较结果

相变材料连接成的温差发电装置放置于外部使其吸收大量的太阳能。考虑复合相变材料的机械性能,我们将使用交联状石墨烯气凝胶支撑的复合相变材料并在不同的太阳光强度下进行温差发电收集热电流。在不同的太阳光强度下进行的温差效应结果如图 5-3-17 所示。从图中可以看出,在太阳光强度为 10 mW/cm² 的条件下复合相变材料的温差发电效率较低,极有可能是太阳光强度有限导致复合相变材料的温度上升缓慢,特别是聚乙二醇(PEG)复合相变材料尚未完成固-液相变,在很大程度上限制温差效应。然而,当太阳光强度增大到 20 mW/cm² 时,由于光强度较大,加快了复合相变材料的相变过程,温差发电效率受到影响。由此可见,在适当的太阳光强度条件下复合相变材料具有最高的

温差发电效率,回路中产生稳定的热电流。在太阳光强度为 15 mW/cm² 的条件下,复合相变材料不仅有效吸收大量的太阳光进行完整的相变过程,而且在冷热过程中均表现出较为理想的温差效应产生热电流。

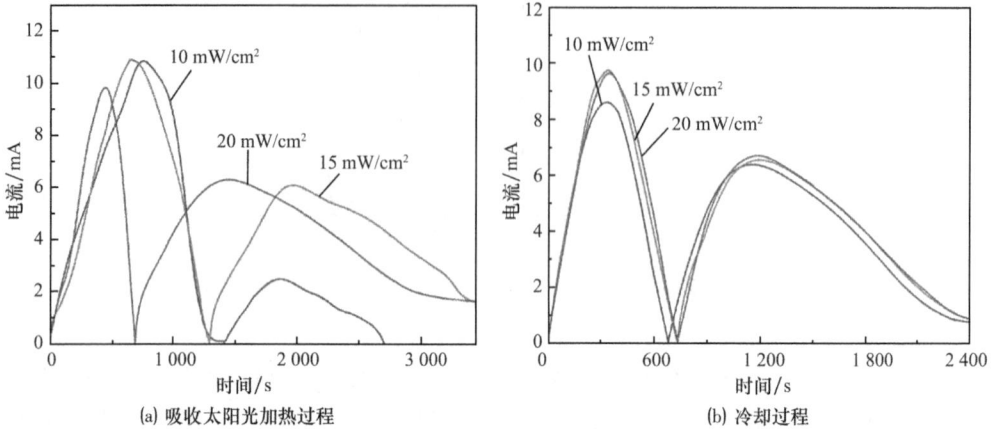

(a) 吸收太阳光加热过程

(b) 冷却过程

图 5-3-17 交联状石墨烯气凝胶支撑的复合相变材料在吸收太阳光和冷却过程时的温差发电产生热电流曲线

通过复合相变材料的塞贝克效应,可以得知复合相变材料在冷、热相变过程中有效控制温差发电装置的冷、热端,形成两端温差,使回路中产生热电流。使用两种不同的复合相变材料的温差发电装置在环境温度变化时能有效产生能源转换并收集更多的温差电能,从而进一步接近实际应用。此外,改性石墨烯气凝胶支撑的复合相变材料不仅在相变过程中吸收或释放更多的热能,而且在一定程度上提高温差发电效率。在吸收太阳光进行温差发电研究中同样发现,高机械性能的复合相变材料能在定形结构下吸收外界能量并有效转化成自身的相变储能。发生相变过程时温差发电装置的两端出现温差,从而形成温差电压使回路中产生热电流,也能证明复合相变材料在自然环境下具有稳定的相变储能性能,同时在多种环境下的温差发电应用领域有着巨大的发展前景。

5.3.2 热释电效应中的复合相变材料

通过研究复合相变材料与 PN 结温差发电装置组成的热能转换,可以断定复合相变材料在相变过程中有效控制发电装置的冷、热两端温度,成功形成温差电压,使回路中产生热电流。在热能转换的实际应用中,塞贝克效应可谓是最为常用的发电机理,利用它可收集到源源不断的温差电能。除了塞贝克效应之外,近年来另一个热电效应也就是热释电效应也受到广泛的关注,并开始了多项研究。热释电效应是指随着温度的改变产生极化强度,从而出现电荷释放的现象。简单来说,材料表面温度的改变使其两端出现电势差,从而产生电流。热释电效应比较类似于压电效应,可视为相关特征晶体的一种物理效应。通常,这些晶体中所产生的极化电荷与晶体外表面附着的自由电子中和,使其不能显示极化电矩。然而,当温度发生变化时,晶体结构中的电荷产生位移,打破了与外界自由电子之间的电荷平衡,使晶体具有一定的导电性。因此,我们把这些能够产生热释电效应的晶体称为热电元件。常用的热电元件有 $BaTiO_3$ 等单晶、聚偏氟乙烯(PVDF)以及压电陶瓷[38]。由于热电元件在改变温度的条件下发生极化而产生电流,这些热电元件组成电子回路成为收集热释电能的重大环节。通常采用金属薄片(如 Cu, Al)或 ITO 导电玻璃作为热释电极连接于热电元件的两端。热电元件在外部环境变化中产生的电流特征如图 5-3-18 所示[39]。显然,在一般情况下热电元件产生的微弱电荷均被外界的自由电子中和,不具有任何的导电性能。当热电元件两端连接电极形成回路时,同样不产生热释电流,可以断定没有温度的变化不能使热电元件发生热释电效应。因此,对热释电极的一端进行加热时,热电元件开始了电荷极化且产生的自由电子则通过两端电极流动使回路中出现热释电流。可见,在热电元件两端连接电极的同时对其进行温度变化处理的情况下,即可收集热释电效应所产生的热释电能。当对热释电极的一端进行冷却时,同样看到热电元件的极化现象,进而发生热释电效应。然而,热释电极两端的温度梯度与加热时恰恰相反,极化电流方向也随之转变,回路中可以观察到反方向流动的热释电流。与压电效应相似,热释电效应也没有方向性,热释电极的温度梯度决定其自由电子的流动方向。当电极两端温差发生逆转时,回路中的电流方向也随之发生改变。通过热电元件产生热释电效应原理可以推断,在热释电极两端出现温差并且不断改变其两端温差值的情况下,我们可以看到热电元件发生稳定的热释电效应,同时在回路中收集到热释电能。因此,热释电极通常放置于存在太阳光(或太阳灯)的环境中,使电极中的一端吸收太阳光而发生两端温差且温差值不断发生改变,进而将产生的电能应用到实际生活中。

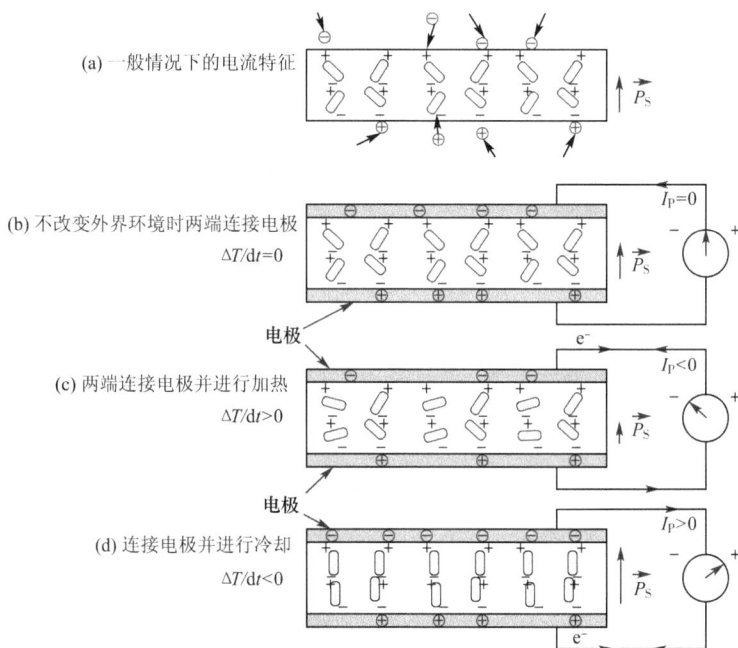

图 5-3-18 热电元件的电流特征

热释电效应的优点是操作极为简单,方便收集其热释电能。由于热电元件通常为微米级薄片,不需要阻热措施,只要把电极连接于热电元件的两端就能构成热释发电装置并在温度改变之下发生热释电能源转换。此外,以聚偏氟乙烯(PVDF)为代表的热电元件是透明结构,与 ITO 导电玻璃所形成的热释电极可视为透光发电装置。这些装置既可以吸收太阳光产生热释电效应,又能穿透大量的太阳光,因而在制备具有特殊发电功能的窗户等领域具有很大的应用前景。因此,研究热释电效应,尤其是复合相变材料的相变储能能否使热释电极产生温差改变,进而使回路中产生稳定的热释电流,不仅可提高复合相变材料的应用价值,而且在智能控制能源转换中有着重大的实际意义。热释电效应的发生是基于热电元件的受热极化,其相关计算公式[40]为

$$\frac{\mathrm{d}P_{s_{ij}}}{\mathrm{d}T} = p^* \tag{5-16}$$

由式(5-16)可以得知,热电元件所产生的自发极化($P_{s_{ij}}$)在改变温度的情况下对热释电极有直接的影响,其参数由热释电系数(p^*)来表示。从热释电系数的大小可以判断热电元件的热电效应能力。因热电元件发生极化使热释电极中出现自由电子流动,温差改变而生成的电荷量(Q')的计算公式[41]为

$$Q' = p^* A \Delta T \tag{5-17}$$

可以看出热释电效应中产生的电荷量(Q')是由热释电系数(p^*)、热电元件的表面积(A)以及热释电极两端温差决定的。根据热释电效应中产生的电荷量,我们得知热释电流(I_p)可视为单位时间内形成的电荷量,即

$$I_p = \frac{\Delta Q'}{\Delta t} \tag{5-18}$$

根据式(5-17),可以将热释电流(I_p)表示为

$$I_p = p^* A \left(\frac{\Delta T}{\Delta t} \right) \tag{5-19}$$

显然,回路中产生热释电流的条件是热释电极两端不断出现温差改变,使热电元件受到极化而发生自由电子流动。而热释电极中产生的电压(V_p)值与电荷量(Q')及等效电容(C)有关,其计算公式为

$$V_p = \frac{Q'}{C} \tag{5-20}$$

因等效电容(C)和热释电系数(p^*)的关系式为

$$C = \frac{A\varepsilon}{h'} \tag{5-21}$$

故热电元件的表面积(A)、极化方向的介电常数(ε)以及热电元件的厚度(h')的大小影响热释电极的等效电容(C)。根据式(5-17)和式(5-21),热释电压(V_p)的计算公式为

$$V_p = \frac{p^*}{\varepsilon h' \Delta T} \tag{5-22}$$

与热释电流(I_p)不同的是热释电压(V_p)在热释电极两端出现温差情况下也能产生,并不需要电极两端不断进行温差改变。然而,热释电极两端的温差改变值($\frac{\Delta T}{\mathrm{d}t}$)可看作每秒中电极两端产生的温差变化值,即

$$\frac{\Delta T}{\mathrm{d}t} = \frac{(\Delta T_{n+1} - \Delta T_n)}{(t_{n+1} - t_n)} \tag{5-23}$$

根据实验中得到热释电极两端的温差变化来判断,该温差改变值$\left(\dfrac{\Delta T}{\mathrm{d}t}\right)$可以划分为 3 个条件:

$$\frac{\Delta T}{\mathrm{d}t}\begin{cases}>0 & \text{加热过程加快或冷却过程减缓}\\=0 & \text{不产生电流}\\<0 & \text{冷却过程加快或加热过程减缓}\end{cases} \tag{5-24}$$

此外,在产生电流的热释电极回路中 $I_p=\dfrac{V_p}{R_e}$,可以判断热释电流(I_p)与回路电阻(R_e)成反比,热释电极中产生的电压(V_p)越大,其电流值越大。由热释电效应的相关计算公式可以得知,产生热释电效应的关键因素为热释电极两端出现温差,使电子元件发生电子极化,回路中产生自由电子流动。此外,热释电极的两端温差不断发生改变也是持续发生热释电效应的重大因素,温差值的改变将在回路中产生热释电流,可收集其热释电能应用于实际生活中。有关利用两端温差发生热释电效应的研究,可以参考热释电极接触人的皮肤并通过人体温度与外界空气之间的温差来产生热释电能的研究案例,如图 5-3-19 所示。热电元件采用改性聚偏氯乙烯[P(VDF-TrFE)]薄片,接触皮肤的一端为石墨烯薄片,另一端则用碳纳米管-聚二甲基硅氧烷(CNT/PDMS)薄片来构成热释电极。改热释

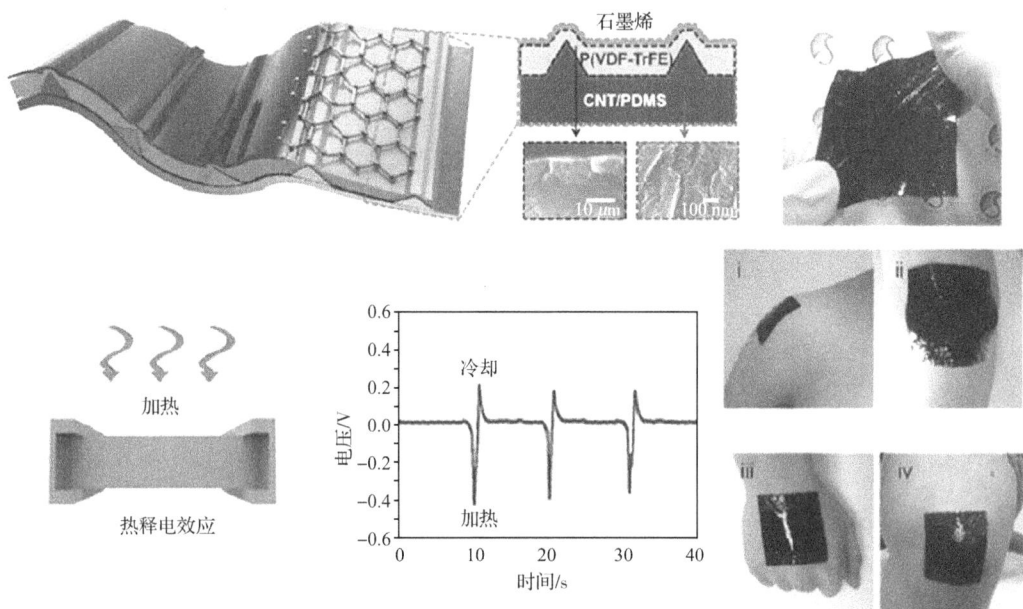

图 5-3-19 通过人体温度产生热释电效应的相关结果

电极可以贴在人体的一些部位,并通过与外界空气的温差而产生热释电效应,随着温度的改变而观察到热释电压。由于热释电极两端出现短暂的温度变化,所收集到的热释电压同样也是暂时的。因此,采用在热释电极持续提供热流的方式来观察其热释电效应。该热释电极连接冷热两端的结构如图 5-3-20 所示[42]。热电元件依然使用改性聚偏氯乙烯[P(VDF-TrFE)]薄片,热释电极则选用电容器金属薄片和双晶片金属板;热释电极左边两端连接的质量块使热释电极在热源表面及散热表面之间来回移动,通过电极两端所产

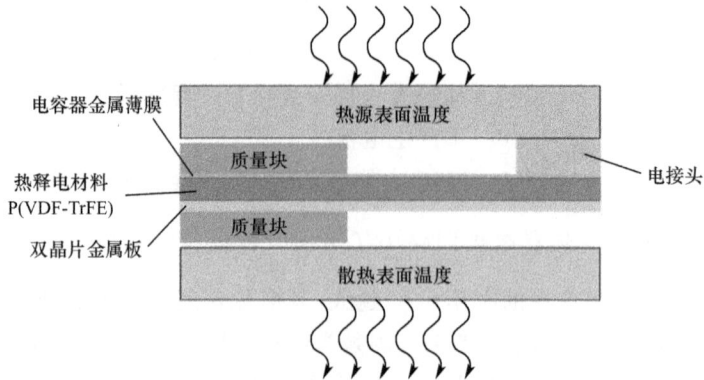

图 5-3-20 基于微机电系统(MEMS)热释电极的结构

生的温差来产生热释电流。这项研究的目标是证实基于微机电系统(MEMS)的高效率热释电能转换,在回路中收集到相对稳定的热释电流。该微机电系统(MEMS)构成的热释电极产生的热释电压及电流如图 5-3-21 所示。显然,随着电容器温度(热源表面温度)的改变,热释电极两端出现温差,回路中产生热释电压。热释电流在热释电压和电容器温度发生改变时也出现大幅度增加。尽管收集到的热释电流不太稳定,但在热源环境下的

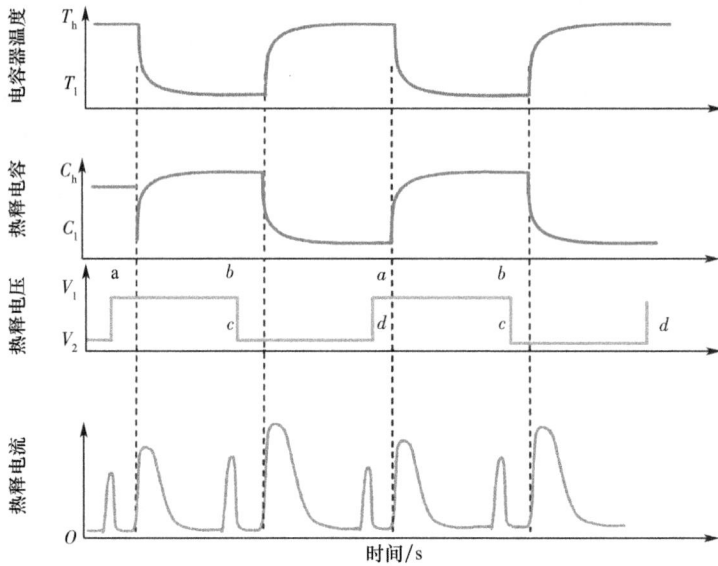

图 5-3-21 微机电系统(MEMS)热释电效应的电容、电压以及电流

回路中还是能观察到持续产生的热释电流。热释电极放置于自然环境下吸收太阳光并发生热释电效应的能力决定了热释电能的应用范围。考虑太阳光的透射性能,热电元件一般选用透明的聚偏氟乙烯(PVDF)薄片及 ITO 导电玻璃薄片为两端电极。如此一来,既能透射太阳光,又可以吸收太阳光以发生热释电效应。因此,在热释电极的一端朝向光源,使其不断吸收大量的太阳光,同时透射太阳光的另一端电极与一些吸光材料或反光材料相连接,提高热释电极的综合性能。在应用太阳光产生热释电效应的研究中,使用带有

分光功能的多层超材料,使其反射部分光线,促进由热释电极两端温差改变而收集热释电流。这些多层超材料相连的热释电极的结构及吸收太阳光的原理如图 5-3-22 所示[43]。

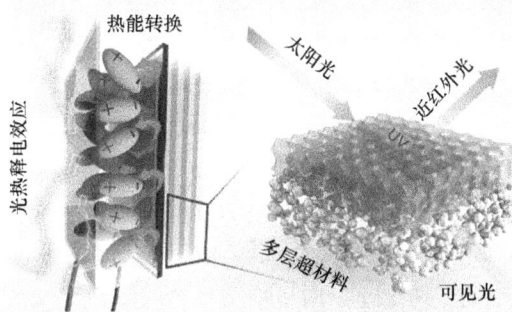

图 5-3-22　多层超材料连接的热释电极发生热释电效应原理

　　从图中可以看出,太阳光在透射热释电极的过程中产生热电元件的极化,回路中持续出现热释电流。多层超材料是由二氧化钛(TiO_2)涂层的介孔铜片和二氧化硅薄片组成的,不仅可有效通过大多数的可见光,而且能反射太阳光中的近红外光,提高热释电极的热能转换效率。为了比较热释电效率,研究中使用聚偏氟乙烯(PVDF)和纳米光子热释电极(TNPh-pyro);氙灯光源作为模拟太阳光且在光振荡频率为 9 mHz,32 mHz 以及 60 mHz 条件下观察热释电效应。相关实验原理和光振荡中产生的热释效应结果如图 5-3-23 所示。可以看出纳米光子热释电极(TNPh-pyro)同样是透明结构,可使大量的

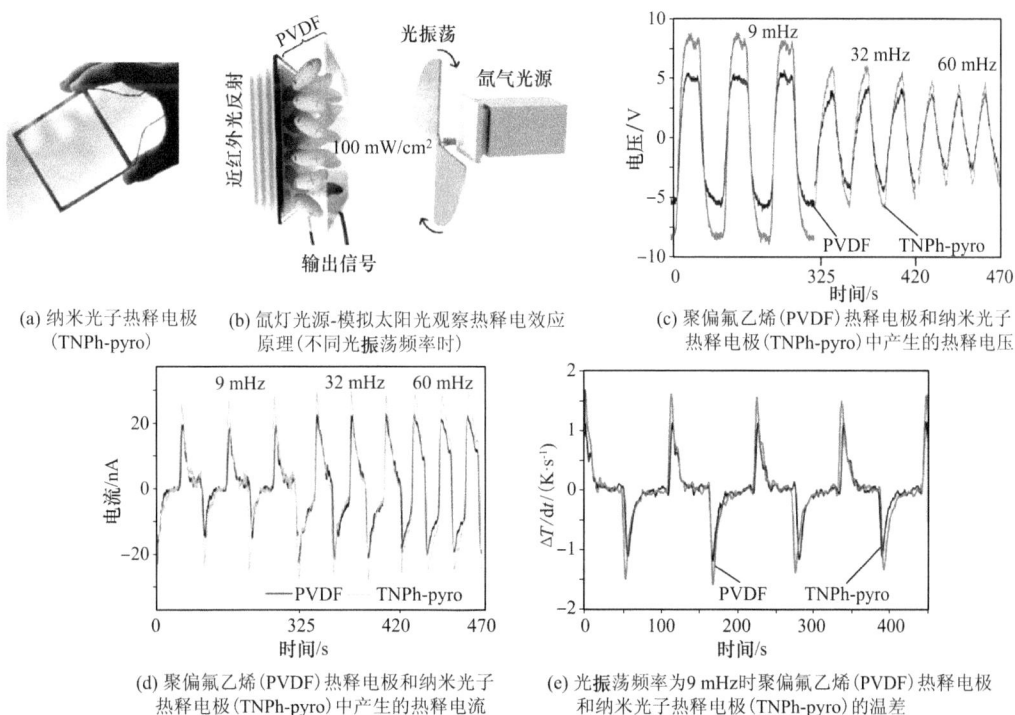

(a) 纳米光子热释电极　　(b) 氙灯光源-模拟太阳光观察热释电效应　　(c) 聚偏氟乙烯(PVDF)热释电极和纳米光子
　　(TNPh-pyro)　　　　　原理(不同光振荡频率时)　　　　　　　　热释电极(TNPh-pyro)中产生的热释电压

(d) 聚偏氟乙烯(PVDF)热释电极和纳米光子　　　　(e) 光振荡频率为9 mHz时聚偏氟乙烯(PVDF)热释电极
　　热释电极(TNPh-pyro)中产生的热释电流　　　　　　和纳米光子热释电极(TNPh-pyro)的温差

图 5-3-23　热释电效应结果(1)

太阳光透射到对面的多层超材料。因多层超材料反射近红外光线,在光振荡频率为 9 mHz 时两种热释电极产生的电压值最大,与聚偏氟乙烯(PVDF)相比,纳米光子热释电极(TNPh-pyro)具有更高的热释电效率。根据产生的热释电流曲线可以判断,在 9 mHz 光源条件下,回路中可较长时间收集到热释电流。此外,当光源频率保持 9 mHz 时,热释电极两端的温差改变值几乎与热释电流成正比,证明热释电极两端温差的改变直接影响热释电流大小,当热释电极的两端温差发生逆转时,回路中的电流方向也随之发生改变。通过吸收太阳光发生热释电效应的研究表明,热释电极在吸收甚至透射外界光源时均出现两端温差,且温差值的不断改变使热释电极向回路中提供相应的热释电能。

尽管上述的热释电极在吸收外界热量和太阳光的情况下能够产生热释电效应,但在回路中形成的电流极不稳定,且流动方向也会发生改变。为了验证热释电极在两端温差变化中产生稳定的热释电流,我们将把复合相变材料连接到热释电极并通过相变过程时的温差改变来观察回路中出现的热释电压及电流。抵达复合相变材料表面的太阳光强度为 15 mW/cm²,选用聚偏氟乙烯(PVDF)作为热电元件并两端用铜片连接构成热释电极。根据复合相变材料在热释电效应中的研究进展,采用三种方式来观察复合相变材料在热释电极中的能源转换,其发生热释电效应的原理如图 5-3-24 所示[44]。显然,复合相变材料只放置于热释电极的一端并吸收太阳光进行相变过程时能否产生稳定的热释电效应,而且在热释电极两端连接两种不同的复合相变材料,通过改变环境温度甚至有外界气流条件下同样能产生稳定的热释电效应直接关系到复合相变材料在热释电能源转换的实际应用。在单面受热发生温差的研究中,使用聚乙二醇(PEG)复合相变材料放置于热释电极的一端,对面电极则连接散热片构成完整的发电装置。在聚乙二醇(PEG)复合相变材料在吸收太阳光而发生固-液相变以及撤掉光源之后的冷却相变过程中在热释电极两端发生较大的温差值,该电极两端温差值不断发生改变可以在回路中提供相对稳定的热释电能。

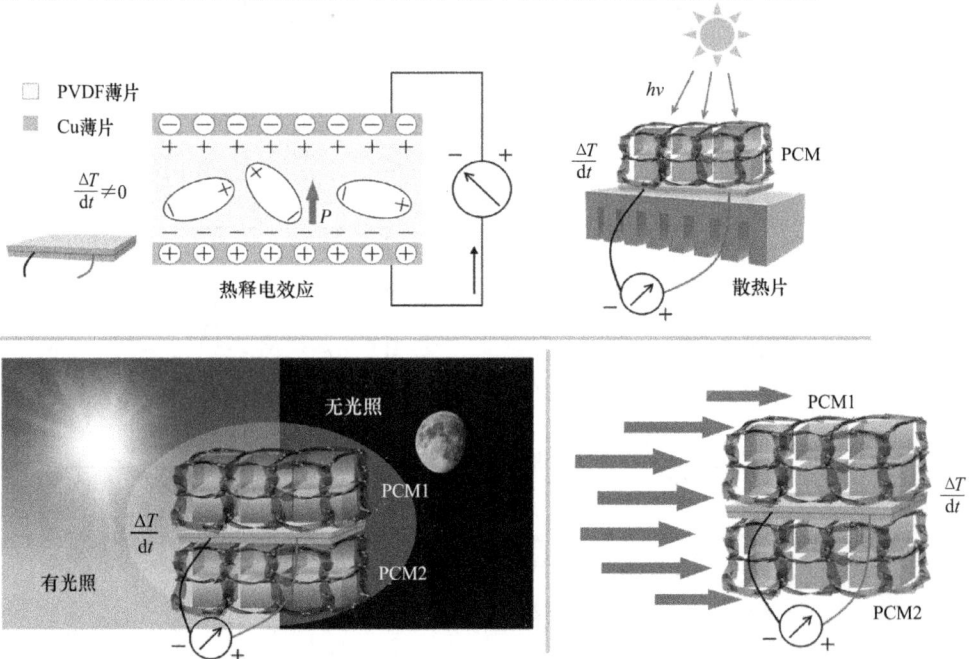

图 5-3-24　复合相变材料与热释电极在单方面吸热、环境温度改变以及存在热流条件下观察热释电效应的原理

聚乙二醇(PEG)复合相变材料和散热片连接的热释电极所产生的热释电效应结果如图 5-3-25 所示。因聚乙二醇(PEG)复合相变材料易吸收太阳光,热端温度开始上升。相反,散热片在热释电极的另一端,尚未接触太阳光线,温度变化十分缓慢。尽管聚乙二醇(PEG)复合相变材料在吸热过程中经历固-液相变过程,但热释电极两端温差仍然发生变化。同样,撤掉光源进行冷却时,聚乙二醇(PEG)复合相变材料和散热片之间的温度也发生改变。根据热释电极两端温差改变值可以看出,聚乙二醇(PEG)复合相变材料和散热片组成的热释电极在冷热过程中均产生比较稳定的温差值。通过热释电极两端的温差改变,可以断定回路中出现稳定的热释电压及电流(图 5-3-26)。由于热释电极两端温差改变值、热释电压以及热释电流均为正比关系,随着温差改变值的增大,热释电极在回路中提供更多的热释电能。可见,聚乙二醇(PEG)复合相变材料除了具有塞贝克效应,在热释电效应中也具有稳定的热能转换特性,并且成功地将在回路中形成持续时间较长且流动方向保持不变的热释电流。

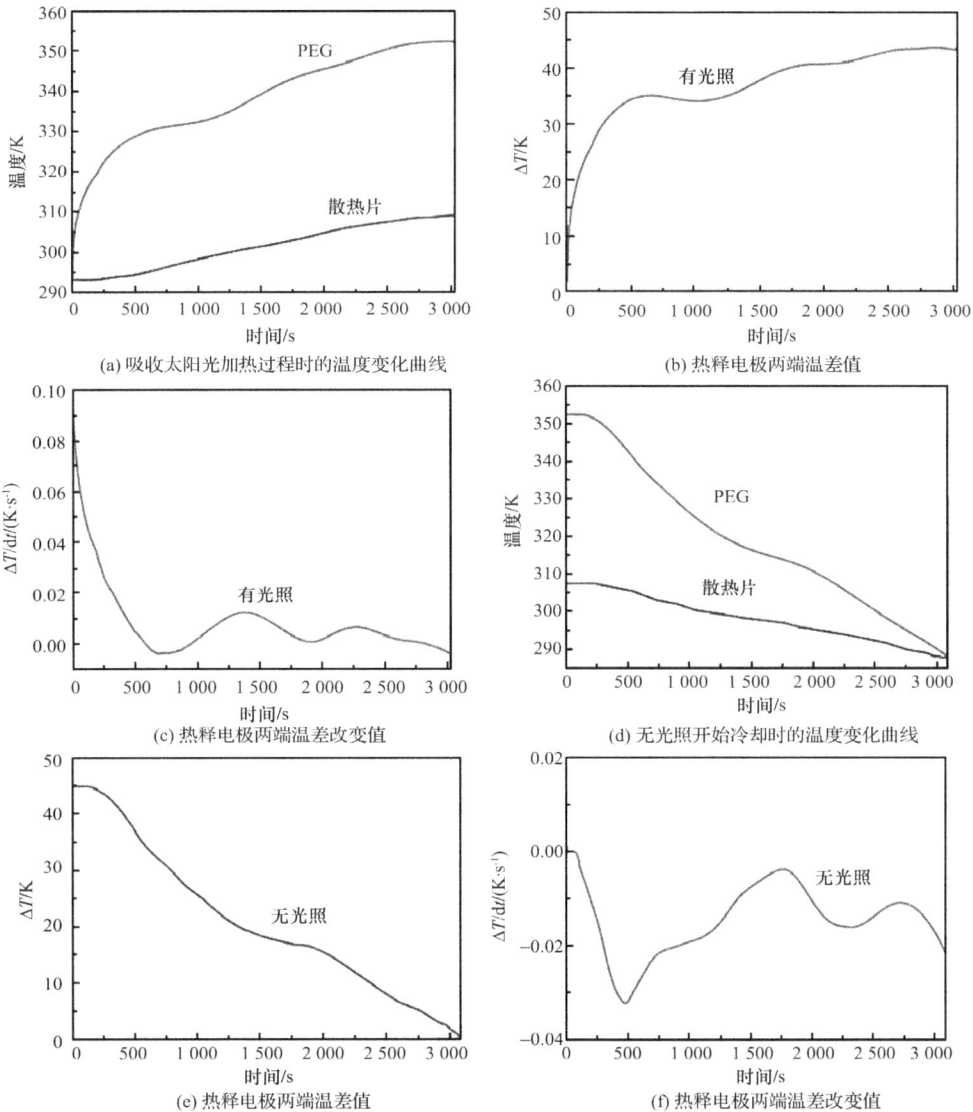

(a) 吸收太阳光加热过程时的温度变化曲线　　(b) 热释电极两端温差值

(c) 热释电极两端温差改变值　　(d) 无光照开始冷却时的温度变化曲线

(e) 热释电极两端温差值　　(f) 热释电极两端温差改变值

图 5-3-25　热释电效应结果(2)

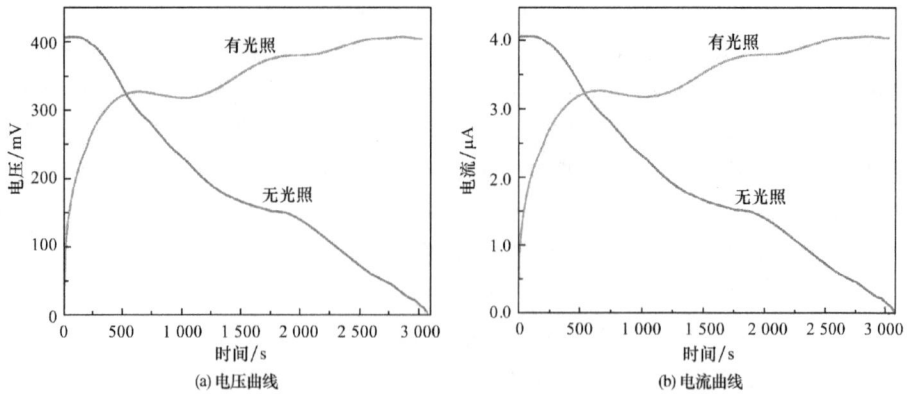

(a) 电压曲线　　　　　　　　　　　(b) 电流曲线

图 5-3-26　聚乙二醇(PEG)复合相变材料和散热片产生的电压及电流曲线

　　为了进一步验证复合相变材料所连接的热释电极在环境温度的变化中能否具有稳定的热释电效应,同样采用聚乙二醇(PEG)和1-十四醇(1-TD)两种不同的复合相变材料,在自然环境下吸收太阳光并观察热释电极中出现的能源转换。两种复合相变材料在吸收太阳光发生加热及撤掉光源而发生冷却时的温度曲线如图 5-3-27 所示。因相变温度不

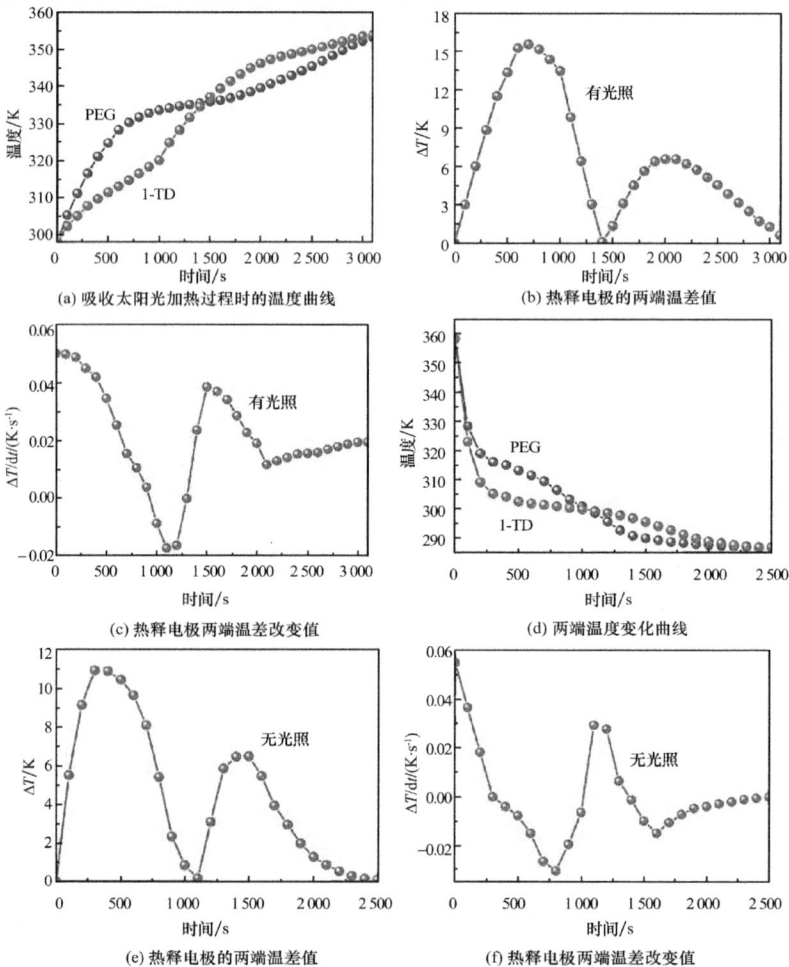

(a) 吸收太阳光加热过程时的温度曲线　　　　　(b) 热释电极的两端温差值

(c) 热释电极两端温差改变值　　　　　(d) 两端温度变化曲线

(e) 热释电极的两端温差值　　　　　(f) 热释电极两端温差改变值

图 5-3-27　聚乙二醇(PEG)和1-十四醇(1-TD)两种复合相变材料构成的热释电极的温度曲线

同,在冷、热过程中两种复合相变材料均表现出不同的温度曲线,产生两个温差阶段。同样在复合相变材料连接的热释电极两端也能出现稳定的温差改变。通过冷热过程中热释电极两端的温差改变值,可以推断聚乙二醇(PEG)和 1-十四醇(1-TD)两种不同的复合相变材料构成的热释电极在冷热过程中产生稳定的热释电能。图 5-3-28 所示为该热释电极在冷热过程中的热释电压及电流。不难发现,两种复合相变材料在进行相变过程而发生温差时,回路中出现热释电效应并观察到热释电压及电流。可见,两种不同复合相变材料连接的热释电极在环境温度的变化及吸收太阳光等条件下能有效进行能源转换,提供稳定的热释电能。

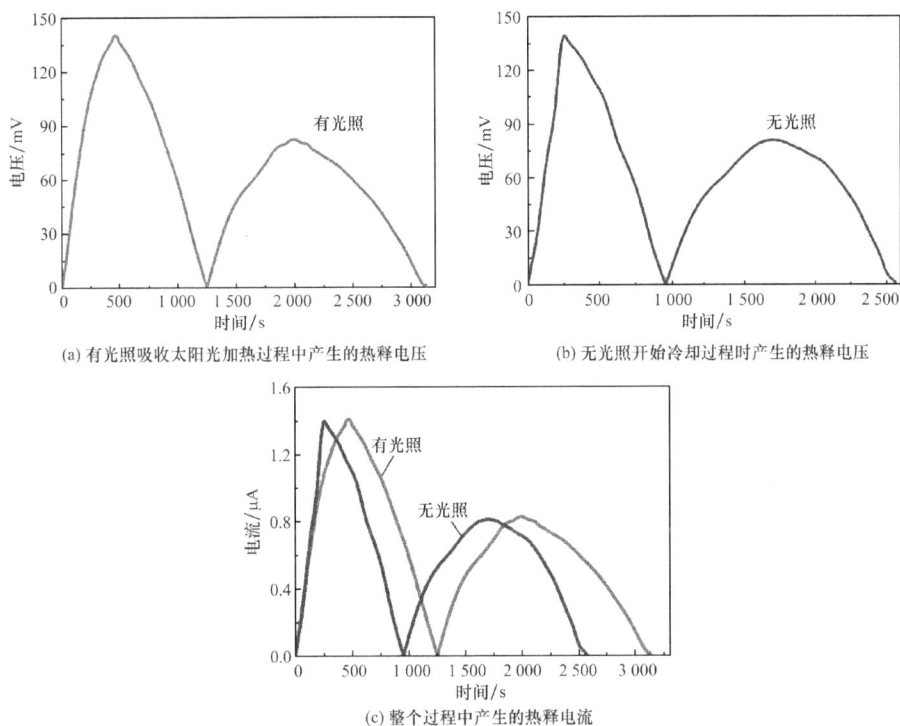

(a) 有光照吸收太阳光加热过程中产生的热释电压

(b) 无光照开始冷却过程时产生的热释电压

(c) 整个过程中产生的热释电流

图 5-3-28 聚乙二醇(PEG)和 1-十四醇(1-TD)两种复合相变材料构成的热释电压及电流曲线

此外,为了检验在冷热气流环境下能否出现能源转换,将聚乙二醇(PEG)和 1-十四醇(1-TD)两种复合相变材料连接的热释电极放置于不同流速的热气流中并观察回路中产生的热释电压及电流。然后,改用相同流速的冷气流通向热释电极且再一次观察热释电极的热释电压及电流。图 5-3-29 所示为流速为 1 m/s,3 m/s 及 5 m/s 冷热气流时回路中收集到的热释电压和电流结果。显然,在热气流环境下两种复合相变材料均发生相变过程,并且热释电极两端出现温差,最终产生热释电效应。当气体流速为 1 m/s 时复合相变材料尚未进行完整的相变过程,回路中收集到的热释电压和电流相对较低。而流速增大到 5 m/s 时,复合相变材料进行相变过程的进展变得越快,导致热释电效率也受到一定程度的影响。由图 5-3-29 可见,热释电极在 3 m/s 的热气流时具有最高的热释电压及电流,这意味着两种复合相变材料在改热气流条件下进行最有效的相变过程并将外界

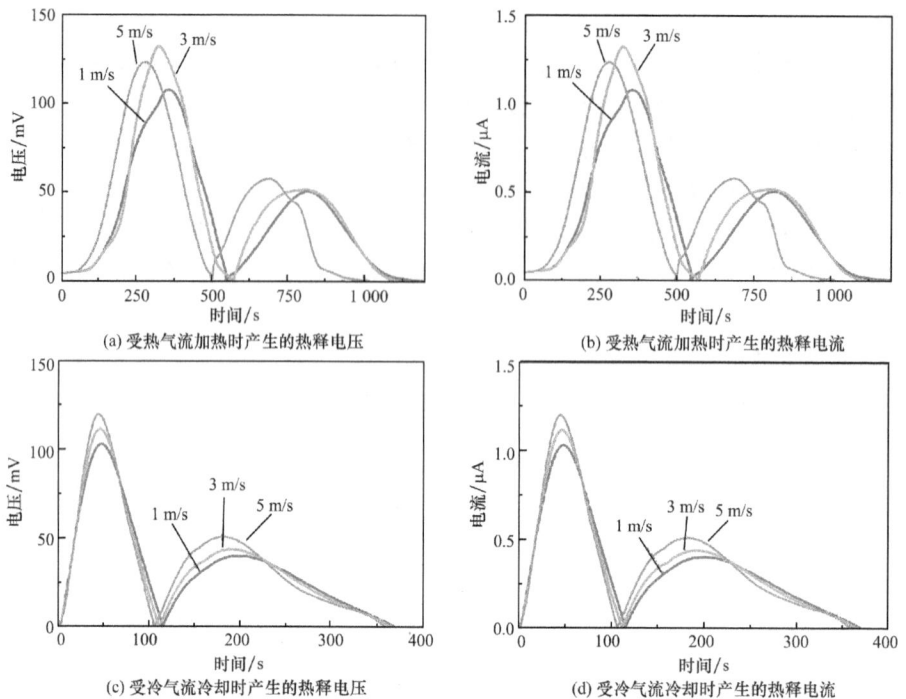

(a) 受热气流加热时产生的热释电压

(b) 受热气流加热时产生的热释电流

(c) 受冷气流冷却时产生的热释电压

(d) 受冷气流冷却时产生的热释电流

图 5-3-29　聚乙二醇(PEG)和1-十四醇(1-TD)两种复合相变材料构成的热释电极在不同流速的
冷热气流环境下的热释电压与电流曲线

热能转换成热释电能。然而,在冷气流环境下该热释电极并未出现显著的差异,随着流速的增大只看到热释电压和电流发生微小的改变。这意味着复合相变材料的冷却相变过程受到冷气流的影响较小,相变材料在不同冷气流环境下进行相变过程的速率几乎是相同的。

通过上述的研究结果可以看出,复合相变材料在热释电效应中也具有很高的应用价值。特别是在进行相变过程时可以有效控制热释电极的温度改变值,使回路中出现比较稳定的热释电压及电流。为了提高复合相变材料在热释电效应中的应用范围,将透明结构的热释电极放置在有太阳光的外界环境下产生热释电效应。至于复合相变材料,可利用其吸收太阳光发生相变过程,在冷却过程时释放大量的相变储能特性,将其连接热释电极的一端并在吸收太阳光进行加热及无光源进行冷却过程时观察回路中所产生的热释电能。相关热释电效应原理如图 5-3-30 所示[45]。热电元件为聚偏氟乙烯(PVDF),且用ITO 导电玻璃当作两端电极来构成透明的热释电极。由于热释电极两端同样用普通玻璃(厚度为 6 mm)连接,可视为具有热释电效应的窗户。该结构的窗户可以透射大量的太阳光,既可以改变窗户热端的温度,又可以将大量的太阳光穿透到窗户对面。因此,在窗户的另一端连接复合相变材料不仅可吸收透射出的太阳光,而且在吸收过程中发生固-液相变,从而储存大量的热量。当不存在光源时,复合相变材料在冷却过程中释放大量的相变储能,窗户两端也出现温差改变,从而在回路中产生热释电效应。

在进行窗户透射的热释电效应研究之前,对于该窗户结构的各个组件进行 UV-Vis光谱测试并推算透射出的光线强度(图 5-3-31)。UV-Vis 光谱测试结果表明,该窗户中

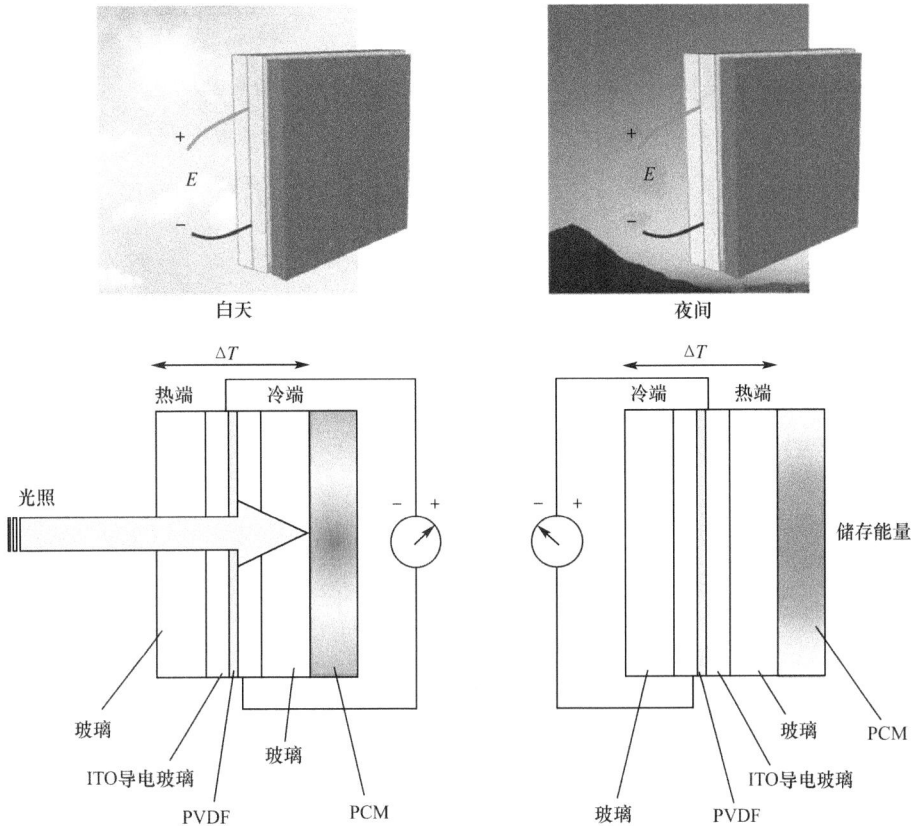

图 5-3-30　复合相变材料与透明热释电极构成的热释发电装置在吸收太阳光时产生热释电效应原理

ITO 导电玻璃以及热电元件(PVDF)除了吸收紫外线(波长＜300 nm)以外,还可以透射出大量的太阳光线。透射出的光线强度可利用朗伯比尔定律来计算,可见窗户透射的太阳光依然保持很高的能量[46]。因此,将复合相变材料连接于窗户的另一端,吸收透射出的太阳光线发生相变过程,同时控制窗户两端的温差改变,使回路中出现热释电能。

为了检验在不同光强度之下的热释电效果,将由热释电极构成的窗户放置于表面光强度为 10 mW/cm², 15 mW/cm², 20 mW/cm² 的环境下且透射出的光线分别吸收到聚乙二醇(PEG)和 1-十四醇(1-TD)两种复合相变材料,并观察吸收光线发生加热过程及无光照而进行冷却过程时产生的热释电能。表面光强度为 10 mW/cm² 时,朝向光源的玻璃和复合相变材料的温度变化曲线如图 5-3-32 所示。由于光强度较低,聚乙二醇(PEG)复合相变材料尚未进行固-液相变,具有低相变温度的 1-十四醇(1-TD)复合相变材料则成功吸收透射光线,完成了吸热相变过程。可见,表面光强度为 10 mW/cm² 的条件下,1-十四醇(1-TD)复合相变材料适合连接含有热释电极的窗户,同时在冷热过程中产生热释电效应。因在冷热过程中 1-十四醇(1-TD)复合相变材料连接的热释电极两端温差值比较稳定,回路中也能观察到比较稳定的热释电压及电流。由此可见,在低光强度环境下,1-十四醇(1-TD)复合相变材料适合吸收太阳光线而收集热释电能。

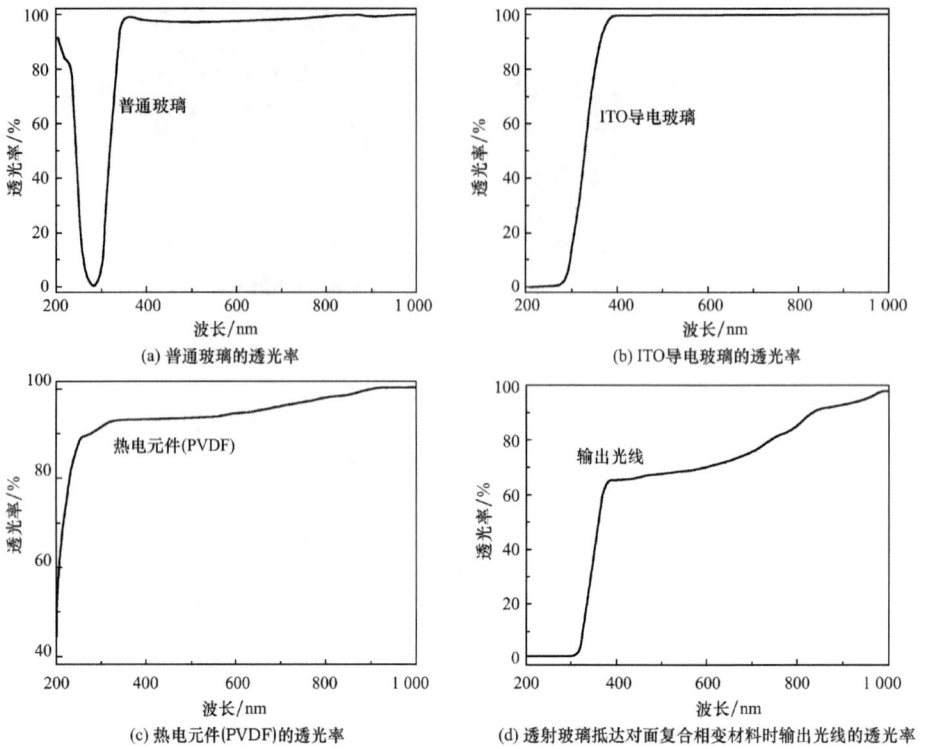

(a) 普通玻璃的透光率

(b) ITO导电玻璃的透光率

(c) 热电元件(PVDF)的透光率

(d) 透射玻璃抵达对面复合相变材料时输出光线的透光率

图 5-3-31　UV-Vis 光谱测试结果

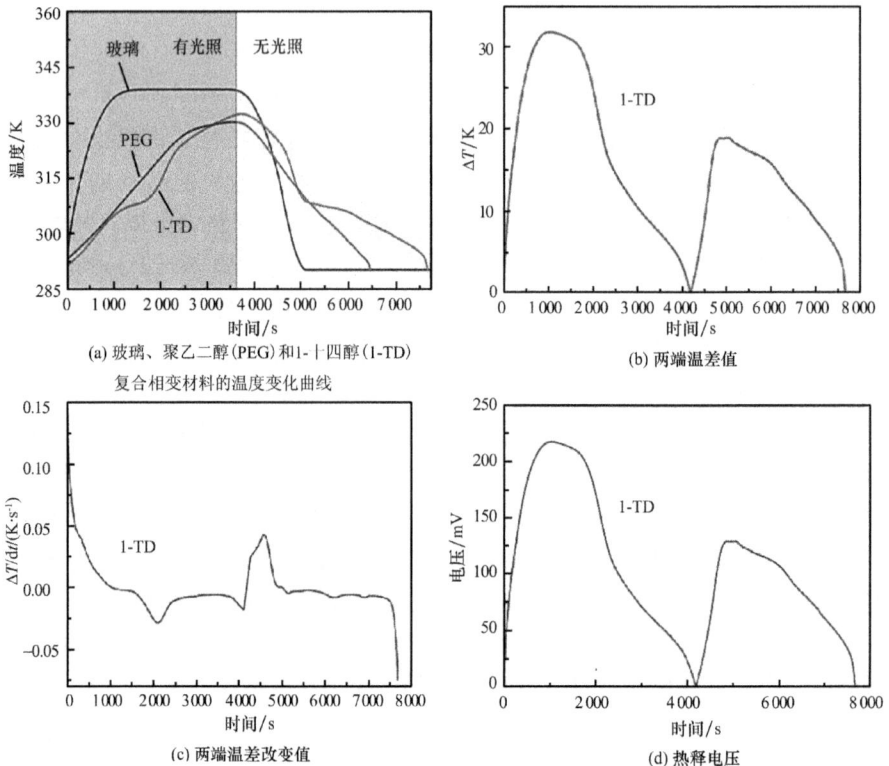

(a) 玻璃、聚乙二醇(PEG)和1-十四醇(1-TD)
复合相变材料的温度变化曲线

(b) 两端温差值

(c) 两端温差改变值

(d) 热释电压

图 5-3-32　表面光强度为 10 mW/cm² 时的结果

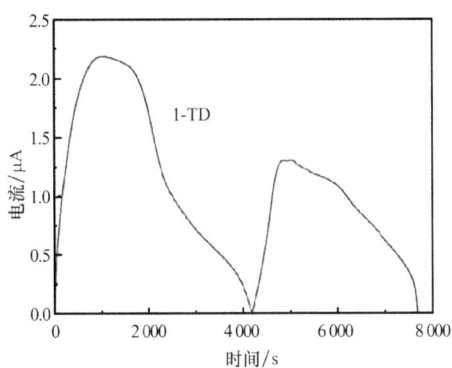

(e) 热释电流

续图 5-3-32　表面光强度为 10 mW/cm² 时的结果

　　当表面光强度为 15 mW/cm² 时,朝向光源的玻璃和复合相变材料的温度变化曲线如图 5-3-33 所示。由于光强度的增强,聚乙二醇(PEG)复合相变材料也吸收透射光线完成吸热相变过程,吸热后的温度超过 80 ℃。因冷热过程中热释电极两端的温差值是决定热释电效应大小的重大因素,故将比较聚乙二醇(PEG)和 1-十四醇(1-TD)复合相变材料所组成热释电极的温差值曲线面积(峰面积)。显然,此时聚乙二醇(PEG)复合相变材料连接的热释电极传送带温差值峰面积大于 1-十四醇(1-TD)复合相变材料的热释电极,并且回路中同样观察到稳定的热释电压及电流。因此,当表面光强度为 15 mW/cm² 时,聚乙二醇(PEG)复合相变材料适合连接窗户的一端,吸收透射光线而发生热释电效应。

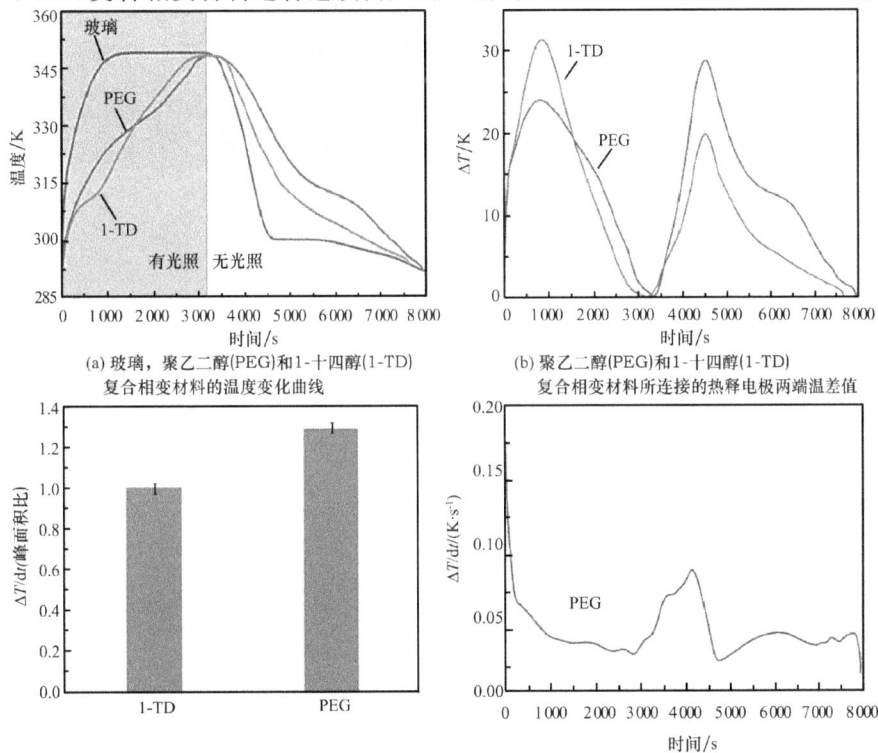

(a) 玻璃,聚乙二醇(PEG)和1-十四醇(1-TD)
复合相变材料的温度变化曲线

(b) 聚乙二醇(PEG)和1-十四醇(1-TD)
复合相变材料所连接的热释电极两端温差值

(c) 两种复合相变材料温差改变值的峰面积比

(d) 温差改变值

图 5-3-33　表面光强度为 15 mW/cm² 时的结果

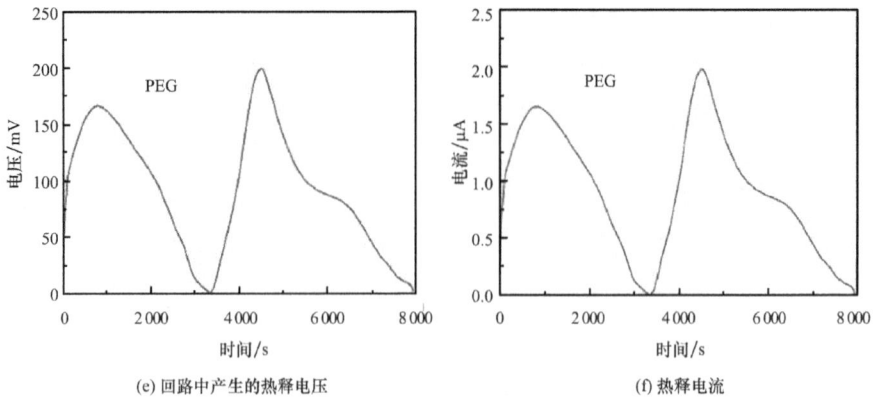

(e) 回路中产生的热释电压

(f) 热释电流

续图 5-3-33　表面光强度为 15 mW/cm² 时的结果

然而,当表面光强度上升至 20 mW/cm² 时,相关材料的温度变化曲线如图 5-3-34 所示。无论是聚乙二醇(PEG)还是 1-十四醇(1-TD)复合相变材料都可完成吸热相变过程且相变速度也有所提高。只参考热释电极两端的温差值很难判断其热释电效果。因此,为了增加回路中出现的热释电能,将并联两个窗户结构的热释电极且在窗户结构中均使用聚乙二醇(PEG)复合相变材料、1-十四醇(1-TD)复合相变材料以及聚乙二醇(PEG)和1-十四醇(1-TD)的复合相变材料。根据比较三种连接方式的热释电极两端温差改变曲线面积(峰面积),可以推断聚乙二醇(PEG)和 1-十四醇(1-TD)的复合相变材料所连接的热释电极具有最高的热释电效果。同样在整个过程中也能观察到稳定的热释电压及电流,如图 5-3-35 所示。通过吸收透射光线进行热释电效应研究,我们得知复合相变材料

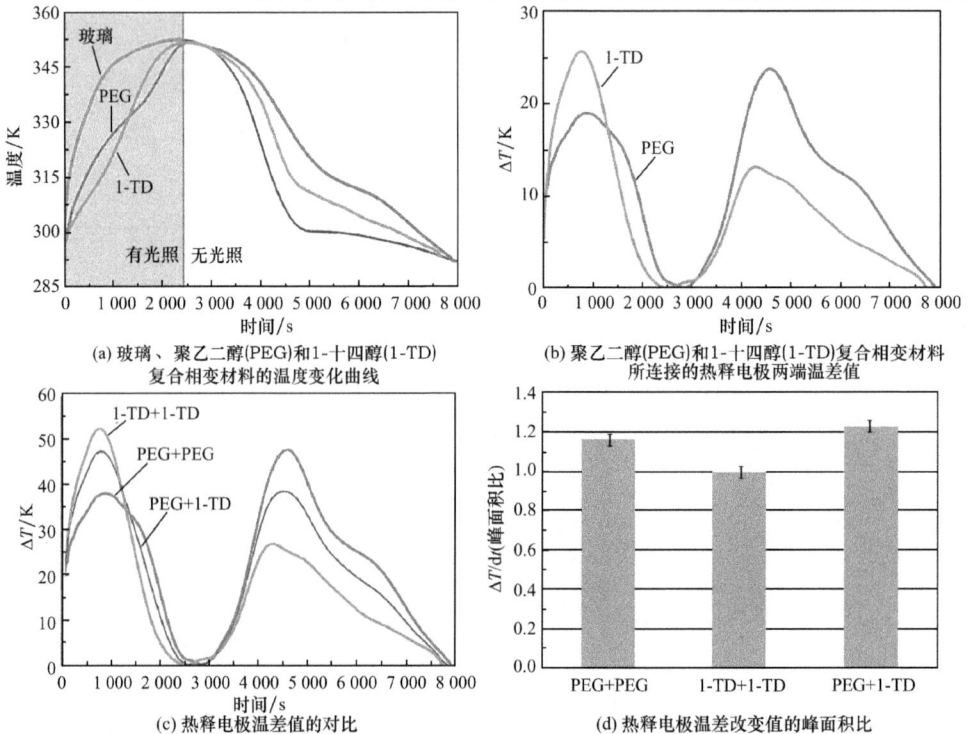

(a) 玻璃、聚乙二醇(PEG)和1-十四醇(1-TD)复合相变材料的温度变化曲线

(b) 聚乙二醇(PEG)和1-十四醇(1-TD)复合相变材料所连接的热释电极两端温差值

(c) 热释电极温差值的对比

(d) 热释电极温差改变值的峰面积比

图 5-3-34　表面光强度为 20 mW/cm² 时的结果(1)

在吸收透射光线的同时可在相变过程中有效控制热释电极两端的温差改变,成功实现透明热释电极的能源转换,提高复合相变材料的利用价值。根据这些透明热释电极可以制造众多的玻璃结构,连接复合相变材料有效控制热释电极两端的温差改变,进而产生大量的热释电能。

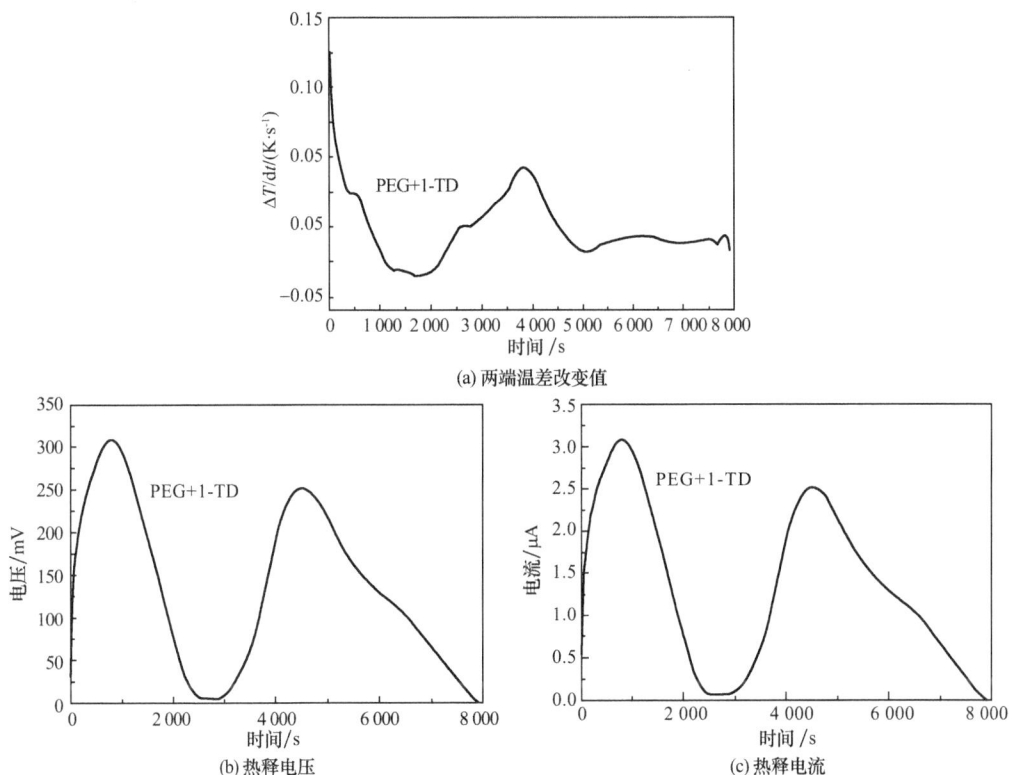

(a) 两端温差改变值

(b) 热释电压

(c) 热释电流

图 5-3-35　表面光强度为 20 mW/cm² 时的结果(2)

5.4　复合相变材料在节能环保领域中的利用价值

复合相变材料可通过塞贝克效应及热释电效应将自身的相变储能转换为电能,在环境温度变化及存在太阳光时可以进行有效的热能转换。尽管复合相变材料在温差发电的应用上仍然需要更多的研究,但在有效吸收外界热能,尤其是太阳能的稳定利用方面有着巨大的发展前景。在热带和亚热带环境中,复合相变材料适合吸收外界热量发生相变过程,并将外界热能转化为自身的相变储能。在夜间温度较高的环境下,复合相变材料仍然保存大量的相变储能,即使不发生冷却相变也可使电极两端产生温差而发生热能转换。对于热释电效应而言,只要在热释电极两端温差不断发生改变,该热释电极就向外界产生电能并可直接应用到实际生活中。除了环境影响之外,在工厂和汽车,甚至是各种机械在运转中产生的大量废热也是复合相变材料进行热能转换的外来能源。当复合相变材料吸收废热时进行温差发电,将收集到的电能循环用于设备运转中,可达到节能环保的目的。

此外,不再产生废热时,复合相变材料释放自身的相变储能而进行温差发电,提供大量的电能。可见,在吸收外界热量进行热能转换的应用中,复合相变材料是大有作为的。除了热能环境之外,在吸收太阳能发电领域,复合相变材料的作用同样也是不可或缺的。相比于温差发电装置,聚偏氟乙烯(PVDF)和ITO导电玻璃组成的热释电极为透明结构,这些透明结构的复合相变材料可当作储热材料,不仅透射产生电能,而且在撤掉光源之后发生冷却相变的同时进行热电转换。显然,改装民航飞机或建筑玻璃使这些玻璃中含有透明热释电极,可以大量吸收太阳光而实现热电转换。与此同时,复合相变材料不断吸收透射光线,通过相变过程收集其相变储能,可以进一步提高复合相变材料在相变过程中的能源转换效率。可见,复合相变材料在节能环保领域中具有广阔的应用前景,可极大地缓解能源短缺问题,在循环使用外界能源方面有很高的利用价值。

第6章

复合相变材料相变储能的实际应用及研究进展

6.1 废热回收应用

6.1.1 相变恒温装置

复合相变材料因其相变储能能力强,对于热能源的有效利用具有重大的意义。目前,最为常用的热能源一般是指工业生产过程中所产生的废热。由于所有机械设备在运转中不断产生热量,因此可以说废热资源是极其丰富的。废热的排放不但是对热能源的一种浪费,而且对自然环境也造成一定程度的影响。复合相变材料在相变过程中吸收大量的外界热量,可以充分利用工业废热,实现节能减排。利用复合相变材料的高相变储能能力可以收集大量的外界热量,也对机械设备产生恒温保护作用。此外,机械设备停止运转后周边温度开始降低,复合相变材料开始释放自身的相变储能以达到恒温效果。换句话说,复合相变材料在相变恒温装置中的应用是非常复合的。根据复合相变材料在恒温装置中的应用可以得知,相变储存器(PCM Storage Tank)可有效吸收工业废热,同时保持设备中的流体温度。相变储存器的安装如图 6-1-1 所示[47]。相变储存器中使用石蜡复合相变材料并将其放入矩形金属盒,当外界设备运转时从蓄水罐中提供冷却水进行冷却作用。因冷却水在循环过程中吸收热量使温度发生改变,重新流入相变储存器时需要降低其环境温度。显然,复合相变材料在吸收流体的外界热量时发生稳定的固-液相变过程,将废热转化成自身的相变储

图 6-1-1 相变储存器的安装

能,有效降低循环水的温度,并使冷却装置也保持恒温状态。

为了验证相变储存器的吸收废热效应,采用模拟软件对其进行流体测试。采用与实际相变储存器同样的结构、大小,并且设置复合相变材料所放置的容器及流体进出口的位置[48]。在模拟测试中,内装复合相变材料的容器大小为 950 mm×80 mm×50 mm,13 个相同结构的容器在接近相变储存器的核心位置,接近外围的位置里有 26 个容器。最初的相变储存器和蓄水罐中的水温都设定为 20 ℃。进入相变储存器的液体流速取决于进水管的数量,在设置一个进水管和出水管时,液体流速为 0.1 m/s;在设置两个进水管和出水管的条件下,液体流速则为 0.5 m/s。此外,当在设置一个进水管和出水管条件下测定温度变化时,进水管的加热功率为 1 kW;当设定两个进水管和出水管时,各个进水管的加热功率为 0.5 kW。可以说,设定不同的加热速度是为了估算不同数量的进、出口相变储能效率的变化,同时用模拟软件来表明相变储存器所产生的温度变化。图 6-1-2 所示为设置一个进水管和出水管时相变储存器内部热能分布情况。其中液体流速为 0.1 m/s,且以 1 kJ/s 的热流供给相变储存器。不难看出,在流体流入相变储存器 60 min 时,内部的温度分布主要集中在进水管较近的空间,复合相变材料尚未完全吸收足够的热量。同时,通过流体的流线图可以判断,热流呈旋转式主要集中在相变储存器的内部容器并朝向出水管流动。等流体流入时间为 180 min时,同样条件下复合相变材料吸收更多的热量,发生固-液相变的部分比之前更多,但仍然有部分相变材料还没有开始吸收热量并发生相变过程。当设置两个进水管和出水管时,相变储存器内部产生的变化如图 6-1-3 所示。尽管液体流速降低为 0.5 m/s,且以0.5 kJ/s 的热流供给相变储存器,出现的结果却截然不同。当液体流入 60 min 时,复合相变材料吸收并发生固-液相变过程的面积与单一进水管结构相比明显增大,且流体流线也分布到所有相变储存器的内部空间。由此可见,两个方向进入流体可以提高相变储存器的吸热效率。等流体流入时间为 180 min 时,几乎所有在相变储存器里的复合相变材料发生相变过程并吸收大量的热量。

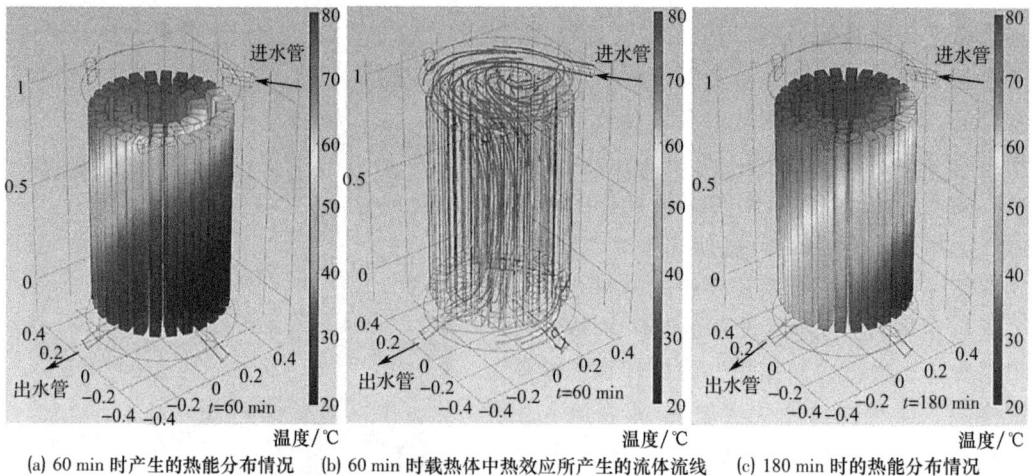

(a) 60 min 时产生的热能分布情况　(b) 60 min 时载热体中热效应所产生的流体流线　(c) 180 min 时的热能分布情况

图 6-1-2　设置一个进水管和出水管时相变储存器内部热能分布情况

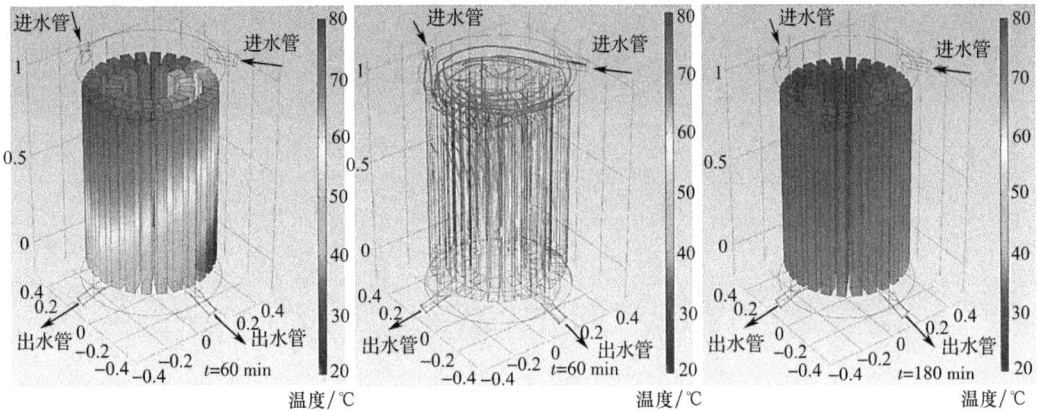

(a) 60 min 时产生的热能分布情况　(b) 60 min 时载热体中热效应所产生的流体流线　(c) 180 min 时的热能分布情况

图 6-1-3　设置两个进水管和出水管时相变储存器内部热能分布情况

　　根据两个进水管和出水管结构的剖切面进行分析,其结果如图 6-1-4 所示。可见,当流体流入 60 min 时,切面中的温度变化与流体流线分布基本一致,相变储存器里的复合相变材料从切面的左半部开始吸收热量并发生固-液相变过程。从切面温度在不同时间段的测试结果中也能看到,无论发生相变过程还是处于原有形状,复合相变材料在发生不同程度的相变过程中均使相变储存器的温度接近恒温,达到恒温相变储能的预期效果。此外,在流体流速保持不变的情况下撤掉热流时,复合相变材料开始发生冷却相变并释放自身的相变储能,在一定时间维持流体温度。相变储存器发生的温度变化如图 6-1-5 所示。不难看出,温度的变化与存在热流时的流体流线方向完全相同,可见复合相变材料从接近进水管的位置进行传热并发生冷却相变。同时,从切面结构的温度分布中也能看到,复合相变材料朝着流线方向产生温度改变,释放大量的相变储能。根据相变储存器的应用实例可以得知,复合相变材料可以有效吸收外界热量,不但收集大量的工业废热,而且能转化为自身的相变储能,增加热能的循环利用。

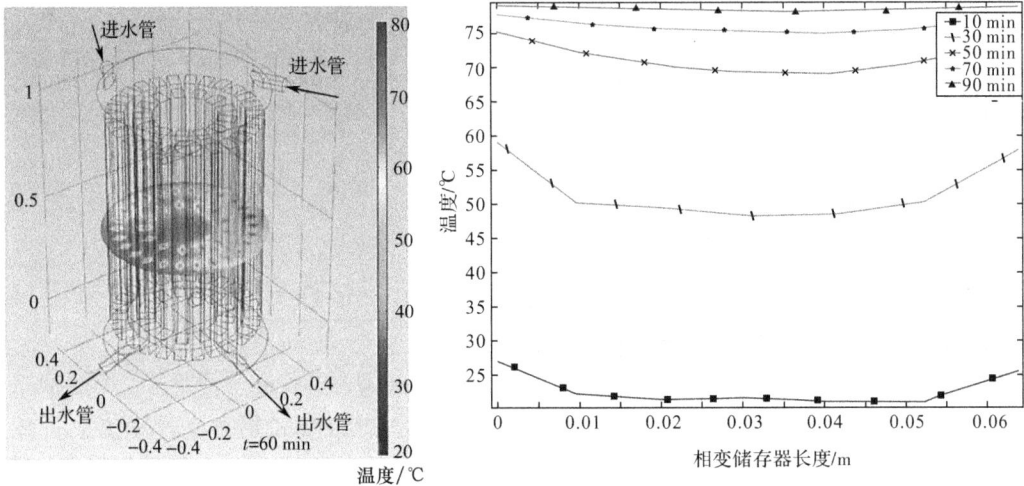

(a)60 min 时剖切切面位置的固-液相变状况　　(b)根据相变储存器长度绘制的温度变化曲线

图 6-1-4　设置两个进水管和出水管时相变储存器结构及相关曲线

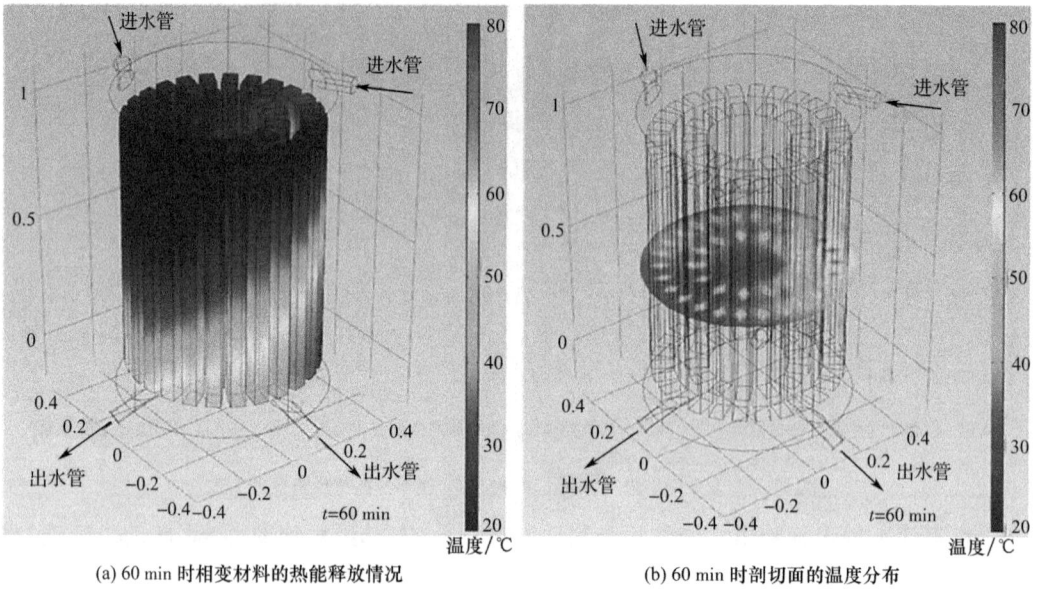

(a) 60 min 时相变材料的热能释放情况

(b) 60 min 时剖切面的温度分布

图 6-1-5 设置两个进水管和出水管时相变储存器的热能释放与温度分布

此外,在与食品加工过程中废热回收相关的应用研究中,使用以膨胀石墨支撑的石蜡复合相变材料构建一个废热回收系统并观察了该复合相变材料对吸收废热带来的效果[49]。由法国的食品公司 STERIFLOW 制造的消毒器中附加拥有复合相变材料的相变储能装置并检验其废热吸收能力。该消毒器的热循环过程如图 6-1-6 所示。可以看出,循环阶段可分为加热过程、杀菌过程和冷却过程。其中,加热过程包括周期 1 和周期 2,设备温度从原先的 25 ℃ 加热至 35 ℃,再提升到 115~135 ℃ 的杀菌温度。在周期 3 的杀菌过程中温度保持为 130 ℃,施行杀菌操作。在随后的冷却过程(周期 4 和周期 5)中降低设备温度,回到初始条件。

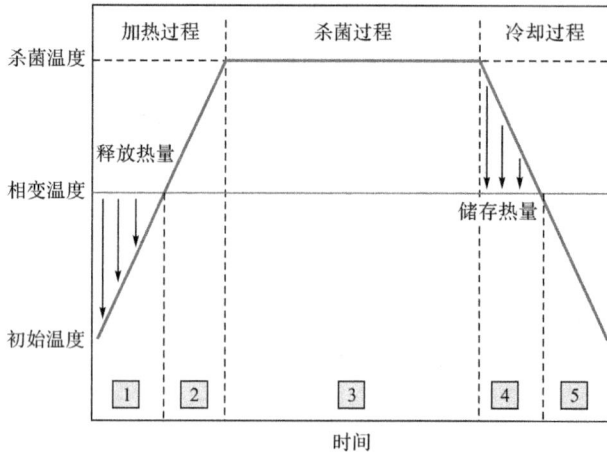

图 6-1-6 使用相变储能装置的消毒器的工作流程

该系统配有两种流体循环回路并通过 BARRIQUAND 板式热交换器连接成一体。主循环回路中过热的流体在消毒器中流动,饱和蒸汽和冷却水流入二次循环回路的大致流程如图 6-1-7(a)所示。在加热过程开始的时候,相变储能装置中的复合相变材料尚未发生固-液相变并保持恒定温度(周期 1)。当过热流体抵达二次循环回路时,相变储能装置中的复合相变材料开始吸收外界热量并进行固-液相变。图 6-1-7(b)所示为相变储能装置内部的立体结构,复合相变材料在相变过程中不断吸收热量以降低过热流体温度,达到恒温相变效果(周期 4)。为了达到更高的冷却效率,使用冷却水对整个设备进行降温。另外,根据整个消毒装置流程来构建的设备及相变储能装置中的复合相变材料的结构如图 6-1-8 所示。

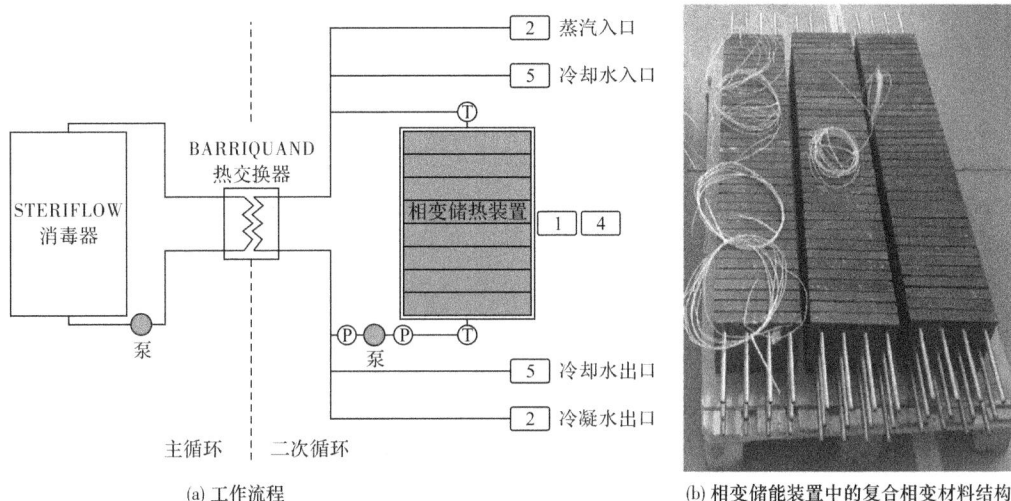

(a) 工作流程 　　　　　　　　　(b) 相变储能装置中的复合相变材料结构

图 6-1-7　消毒器的工作流程及结构

(a) 外观　　　　　　　　　　　　(b) 材料放置

图 6-1-8　消毒器的外观及材料放置

在主循环回路中的流体温度和复合相变材料的温度变化曲线如图 6-1-9 所示。图中,用点画线和细实线分别表示流体的设定温度和测量温度。复合相变材料的平均温度则通过热电偶来测量,其结果以加点细实线来表示。当循环回路中通过 6.5 K/min 的热流时,温度从起初的 32 ℃迅速上升为 130 ℃(周期 1 和周期 2)。然而,此时的热功率不足以加热主循环回路中的流体,采用 160 ℃的饱和蒸汽对消毒器进行温度提升。等消毒过程(周期 3)结束以后,对消毒器进行冷却(周期 4);复合相变材料在相变过程中吸收外界热量,使设定温度和测量温度之间产生一定的差距。最后,使用冷却水对整个设备进行冷却(周期 5),恢复至初始状态。

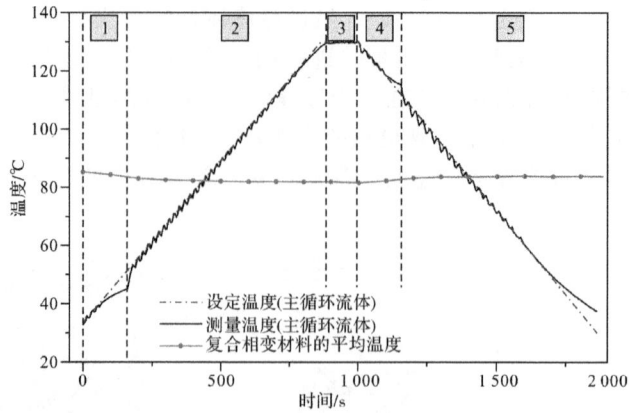

图 6-1-9　主循环回路中的流体温度和复合相变材料的温度变化曲线

为了表示相变储能装置在废热回收中所起的作用，对上述温度变化周期 1 和周期 4 进行重点分析，同时还表示二次循环回路中流体温度的变化曲线并划分区域(a)和区域(b)，如图 6-1-10 所示。其中，区域(a)表示流体在主循环和二次循环回路之间通过

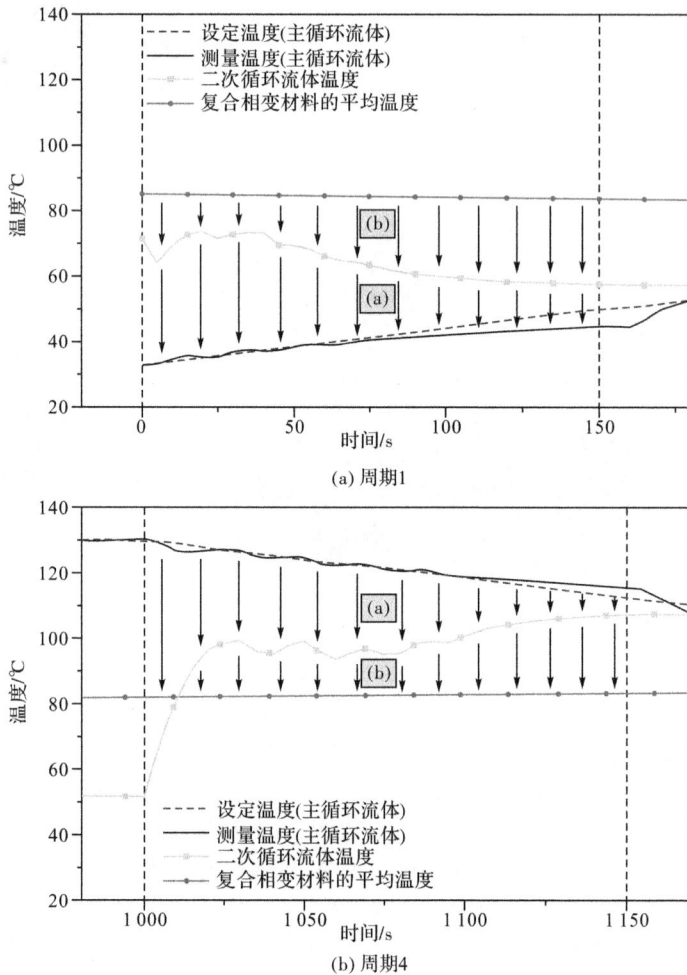

(a) 周期1

(b) 周期4

图 6-1-10　图 6-1-9 中周期 1 和周期 4 的温度变化曲线

BARRIQUAND 热交换器时的传热变化,区域(b)则为流体在二次循环回路和通过附有复合相变材料的相变储能装置时的传热变化。显然,从二次循环回路通过饱和蒸汽之后,复合相变材料开始吸收流体中的热量并降低甚至控制流体温度。等消毒器开始进行冷却时,流入二次循环回路中的过热流体同样受到复合相变材料的恒温控制,温度变化相对缓慢。尽管时间短暂,在消毒器的运转过程中复合相变材料的吸收废热效率仍达到 15%,其储存热能约为 6 kW·h。这意味着在热流为 6.5 K/min 的条件下可以向外界提供 100 kW 功率的电能。可见,复合相变材料在回收废热中的作用是不可忽视的。根据复合相变材料在发生相变时吸收的大量热能,对其进行能源转换,可以提高复合相变材料的应用价值。

6.1.2　吸收热能应用于分布式发电系统

复合相变材料在相变过程中转化大量的热量的同时保持接近恒温特性,这在回收废热的应用中具有实际性的作用。然而,在趋于节能减排能源转换的大环境之下,复合相变材料大量吸收的外界热量转化成其他形式的能源在很大程度上可减缓能源消耗,提高能源利用效率。复合相变材料的相变储能可谓是一种高效率的热能储存方法,与传统储热相比,相变材料具有很高的储热密度和相对稳定的热能转化温度,在能源转换过程中也可以长期循环使用。因此,复合相变材料的应用不仅限于废热回收,在分布式发电系统中的废热回收,同时向外界提供必要的热能也是对相变储能的一种实际应用。以内燃机为动力的分布式发电系统被认为能有效降低燃料能源的消耗和温室气体的排放。然而,废热的产生和消耗往往与设备中所需要的时间段不匹配,这样会降低废热回收和燃料的利用效率。解决问题的关键是在分布发电系统增加储热设备,通过热能缓冲的方式分离废热的产生和消耗时间。因此,复合相变材料的使用可以解决发电系统中废热的产生和消耗中带来的技术性问题[50]。含有复合相变材料的分布发电系统的废热回收流程如图 6-1-11 所示。该设备主要由柴油发动机和两种复合相变材料的储热模块所组成。参考日常生产时间表,在准备过程结束之后(8:00—11:00),柴油发动机从预热状态下开始正常运行。大约经过 5.5 h,生产结束,发动机停止运行。根据工场对热水的需求,在设备停止运行后的 3 h,发电系统向外界提供大量的热水。在储热过程中,发动机排放的烟气依次进入相变材料的高温储热模块和低温模块,形成由温度梯度引起的级联储热模式。与此相反,在放热过程中,通过位于进气口的低温模块,空气(环境温度)流向开始反转,吸收两种模块中储存的热量并给热水提供足够的热量。

复合相变材料储热模块的工作原理如图 6-1-12 所示。双管式换热器的设计可以分为储热和放热通道,以便获得干净的传热流体。由碳酸盐和硝酸盐合成的复合相变材料分别装入管的内、外壁之间,形成高温模块和低温模块。同时,在废气入口处安装旋流板,以产生均匀的热流。当烟气进入模块时,气体与钢管外壁之间以对流传热的方式传递到复合相变材料。此外,释放通道位于管的中心,储存的热量可以通过空气与管内壁之间的

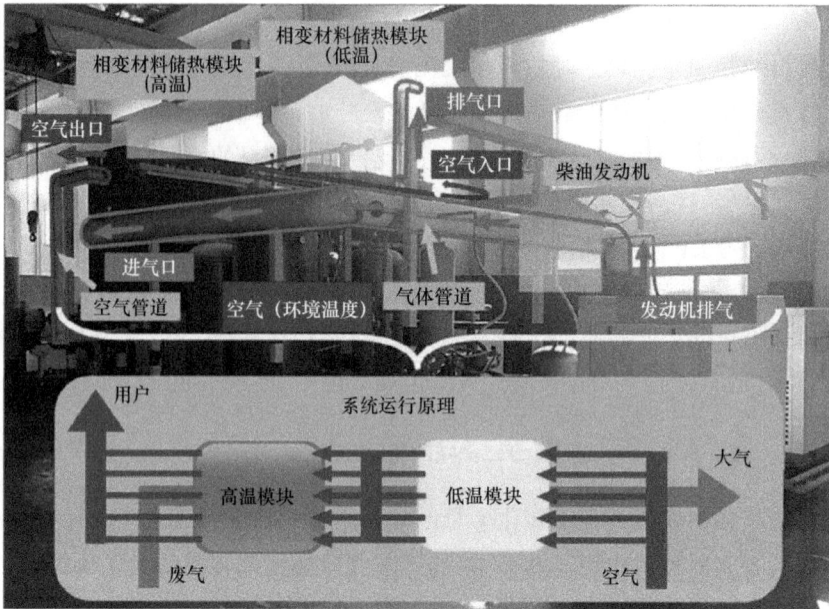

图 6-1-11　含有复合相变材料的分布发电系统的废热回收流程

传热进行释放。释放出的热量可以将水加热至 315 K(约为 42 ℃)且效率高达 98.5％。因传热流体的输送管道和模块的外壁是隔热结构,故可减少其热损失。

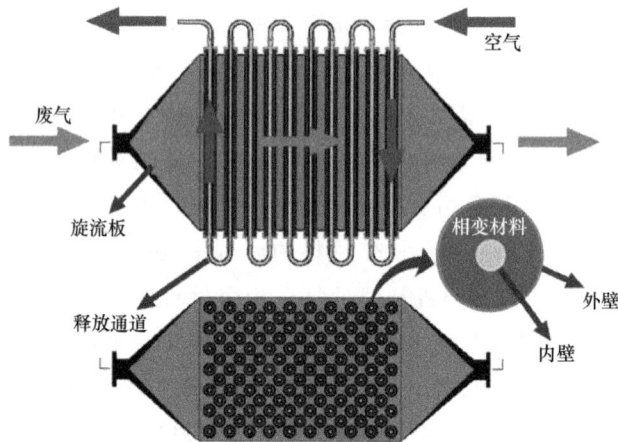

图 6-1-12　复合相变材料储热模块的工作原理

为了测试储热模块的温度变化,我们设计了如图 6-1-13 所示的测试点的分布结构。不难看出,每个储热模块都具有 9 种 K 型热电偶,依次为后(A,B,C)、中(A,B,C)以及前(A,B,C)来测试复合相变材料的温度变化。额外的三个点,通道(A,B,C)则放置在储热模块的垂直中心平面上,以便研究烟气温度的变化。另外,复合相变材料储热模块的初始储热过程如图 6-1-14 所示。因传热流体和管内壁之间的对流阻力相比,热阻较小,导致部分输入热量会被模块内部的气体所吸收,流入气体在轴向上出现温度梯度。加上管内存在传热阻力,管内温度需要一定时间才能达到均匀状态。因此,不适合用轴心处的复合相变材料温度来判断储热模块的储热状态。考虑到储热模块在初始储热过程中的温度较低,在绝缘结构下,分散到外界环境的热量可视为零。

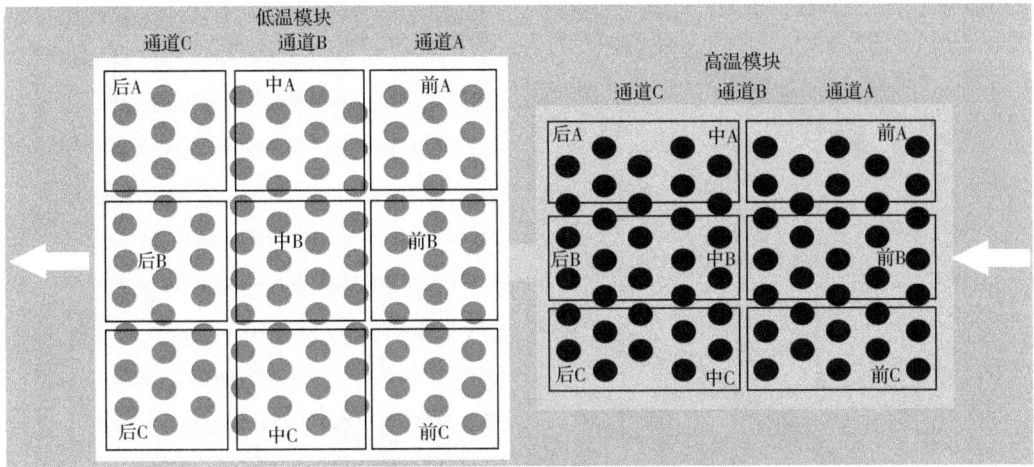

图 6-1-13　储热模块的测试点分布

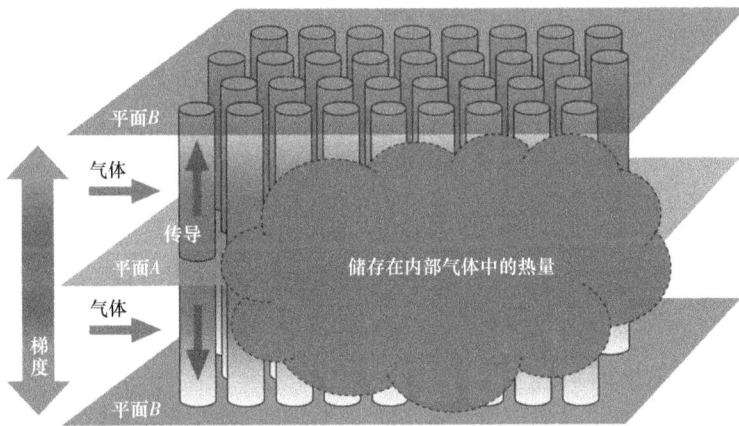

图 6-1-14　复合相变材料储热模块的初始储热过程

基于上述条件,测试点的温度随时间的变化曲线如图 6-1-15 所示。无论是高温还是低温模块,复合相变材料在发生固-液相变过程中均吸收大量的外界热量。对于高温模块,位于管前面的复合相变材料(前 A,B,C)在 7 740 s 完成固-液相变后开始相继熔化,处于不同位置的复合相变材料的吸热程度也产生差异。同样,低温模块中前 A,B,C 的部分在 11 000~16 095 s 也产生固-液相变而吸收传热流体中的热量。可以看出,复合相变材料在不同模块里均吸收大量的热量并转化成自身的相变储能。等发电系统停止运行之后,复合相变材料的两种模块开始进入放热阶段。图 6-1-16 所示为两种模块在放热过程中的温度变化曲线。高温模块在 350 s 过后就开始了冷却相变,释放大量的相变储能。与此相反,低温模块从 3 495 s 进入冷却相变过程并持续较长的接近恒温阶段。可见,复合相变材料在相变过程中有效转化大量的流体热量,同时释放自身的相变储能向外界提供充足的热量。

(a) 复合相变材料的温度曲线(高温模块)

(b) 部分 I 的温度变化曲线

(c) 复合相变材料的温度曲线(低温模块)

(d) 部分 II 的温度变化曲线

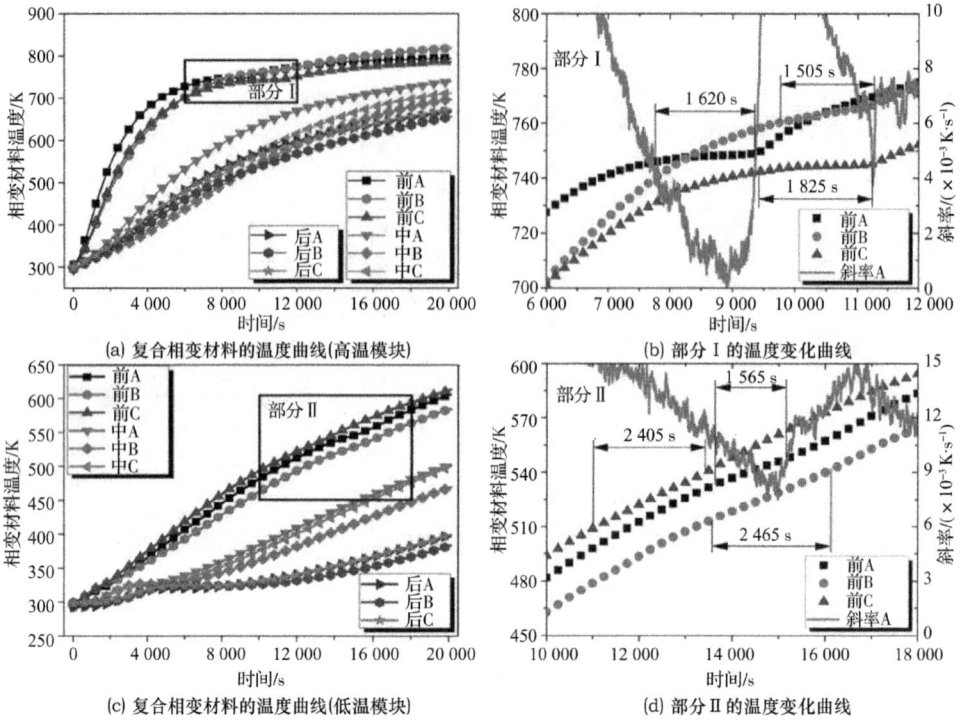

图 6-1-15　复合相变材料在储热过程中的温度变化曲线

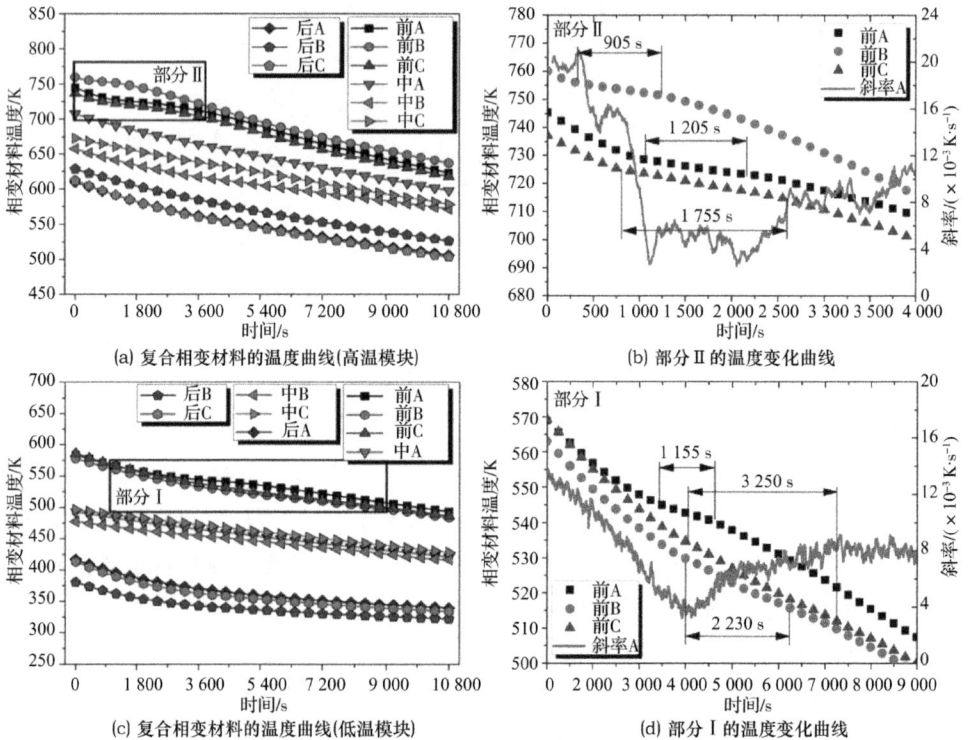

(a) 复合相变材料的温度曲线(高温模块)

(b) 部分 II 的温度变化曲线

(c) 复合相变材料的温度曲线(低温模块)

(d) 部分 I 的温度变化曲线

图 6-1-16　复合相变材料在放热过程中的温度变化曲线

根据复合相变材料两种模块的温度变化,测定在相变过程中储存与释放的能量,其结果如图 6-1-17 所示。在吸热过程中,高温模块从 965 s 开始进行热能转化,而低温模块到了 9 700 s 才进入储热阶段。部分Ⅰ和部分Ⅱ的储热容量也明显提高,意味着复合相变材料处于相变阶段,吸收或释放大量的热量。同样,在放热过程中,放热容量也在冷却阶段明显增加,并且向外界提供充足的热量。此外,通过测量得知在 5.5 h 的储热过程中,大约 56.4% 的热能成功转化为复合相变材料的相变储能;在发电系统停止运行之后 3 h 的放热过程中,复合相变材料高温模块和低温模块的热能转换效率分别为 36.8% 和 49.2%。两种模块中释放出的热量足以使 7.6 t 的水加热至 315 K(约为 42 ℃),以便在工厂中使用大量的温水。可以说每天有 25 MJ 的有效热能从分布式发电系统中产生,并且热能使用效率也上升至 41.9%。该研究表明,复合相变材料不仅限于废热回收,在分布式发电系统中也存在一定的应用价值,可提高生产率,实现节能减排的绿色生产。

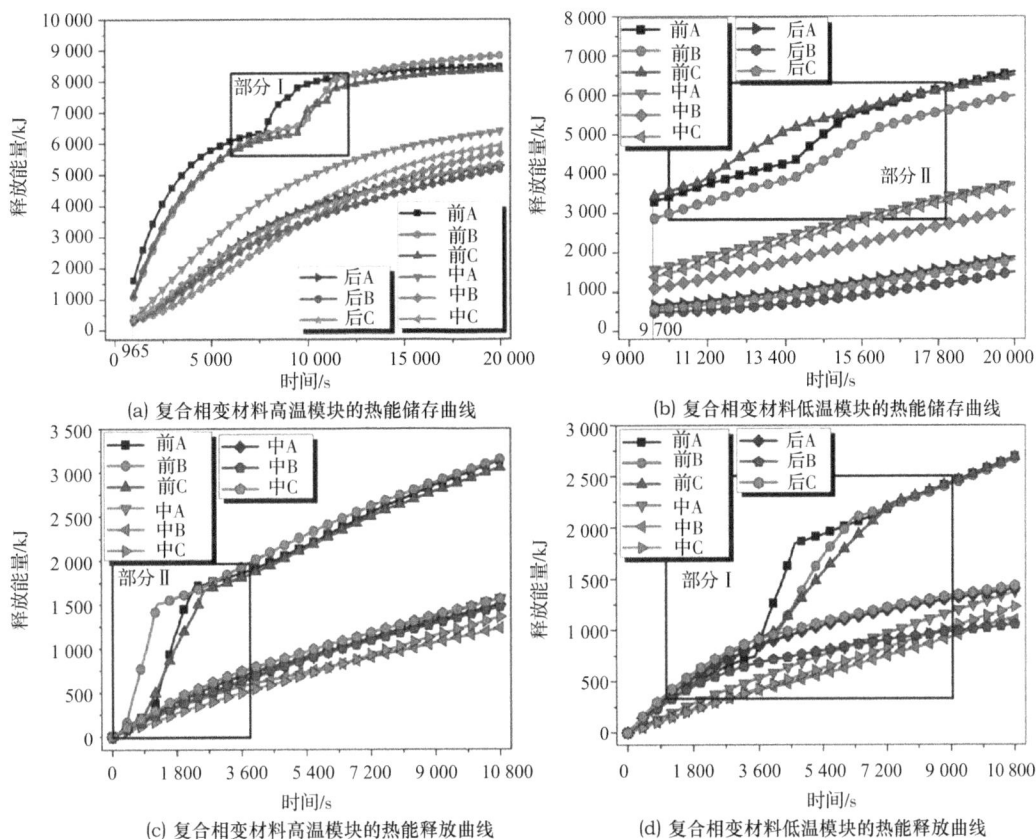

图 6-1-17 复合相变材料释放能量曲线

6.2 航空航天领域

复合相变材料的相变储能特性在航空航天领域同样也具有很高的应用价值,尤其是有效控制航天器在运行中产生的热流,使航天器在飞行中保持稳定态势。由于复合相变材料在相变过程中处于接近恒温状态,吸收或释放大量的热量特别适用于循环特性的仪器设备。况且,复合相变材料可以反复进行相变过程,转化航天器中产生的热流也有着很重要的实际意义。相变材料的热控装置是航天器中最为常用的仪器设备。简单来说,当航天器受到外界热辐射或仪器设备运行所产生的热量时,相变材料通过固-液相变而吸收大量的热量转化成自身的相变储能。而航天器处于阴影区或仪器设备停止运行时,随着外界温度的降低,相变材料开始进行冷却相变过程并向外界释放大量的热量。如此一来,仪器设备的温度保持相对的稳定,航天器也不会受到热流的影响。在火星探路者号的电池设备中采用了由十二烷(熔点为 -10.5 ℃)和十六烷(熔点为 18.5 ℃)两种石蜡物质组成的复合相变材料来控制电池温度,相关设备如图 6-2-1 所示[51]。这种固液相变材料组成的复合相变材料不仅有效控制了热流问题,而且避免了在相变过程中产生极端温度。此外,在复合相变材料中加入高导热物质,可提高其导热能力,使火星探测器在火星表面运行中承受数百次的昼夜热流循环。可以说,利用复合相变材料的相变储能可以延长电池寿命,在火星表面进行稳定的探测工作。

图 6-2-1 使用相变材料的火星探测器电池设备

在航天飞机甚至国际空间站中,相变材料的相变储能特性在热交换器中具有实际性应用价值。常见的相变材料热交换器如图 6-2-2 所示[52]。显然,相变材料在热循环过程中吸收大量的热量,防止仪器设备温度受热发生急剧上升。当环境温度降低时,相变材料释放出的热量使仪器设备温度维持在一定范围。相变材料热交换器可以保护航天器的仪器设备,避免因热流变化引起热胀冷缩而发生仪器故障。

图 6-2-2 相变材料热交换器

除此之外,基于相变材料在相变过程中处于接近恒温状态,应用塞贝克效应使航天器中产生的热流转换为电能可以获得大量的外来能源,减少燃料消耗。目前,空客民航客机在发动机后端安装了温差发电装置,通过飞机在飞行中产生的热流来实现温差发电。温差发电装置的安装位置以及飞机在正常飞行中的温度变化曲线如图 6-2-3 所示[53]。不难看出,温差发电装置安装在热流最密集的整流罩附近,通过飞行中不断产生的热流进行能源转换。飞行过程中,安装温差发电装置的区域温度大致接近 200 ℃,在这一热流稳定期间足以发生热能转换来收集电能。

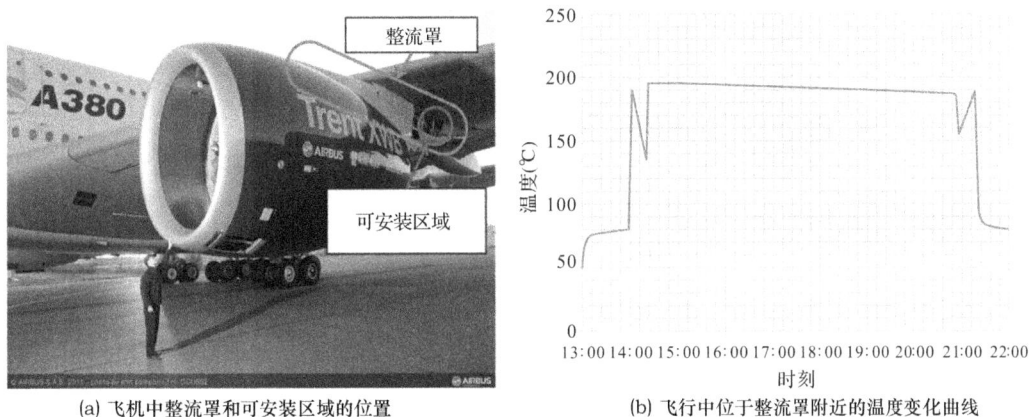

(a) 飞机中整流罩和可安装区域的位置　　　　(b) 飞行中位于整流罩附近的温度变化曲线

图 6-2-3　温差发电装置的安装位置及正常飞行中的温度变化曲线

根据飞机整流罩的温度环境,可以观察包含相变材料的发电装置在热流中出现的能源转换效应。在高温环境中发生相变且吸收大量的外界热量,采用 15 g 赤藓糖醇(Erythritol)作为有机相变材料并将其放置于铝板容器。相比于其他有机相变材料,赤藓糖醇具有很高的熔点(约为 118 ℃),可在高温中保持稳定的化学性质。采用赤藓糖醇的温差发电装置如图 6-2-4 所示。从图中可以看出,温差发电装置位于内热管的大容器和铝板之间,底层铝板为容器,内部装满赤藓糖醇。内热管方便吸取热流,提高热能转换效率。可见,当飞机在飞行时,内热管中吸取的热流和铝板内部赤藓糖醇发生相变过程时产生的温差可以向飞机提供电能。为了验证环境温度对温差发电效应的影响,使用恒温箱来调节环境温度,以便观察发电装置在加热过程中产生的温差发电效应,其结果如图 6-2-5 所示。当使用恒温箱时,环境温度在 35 min 由最初的 50 ℃ 达到 175 ℃,而相变材料赤藓糖醇处于固-液相变过程,大约 60 min 时达到最终温度。紧接着,当恒温箱温度调节至原来的 50 ℃ 时,发电装置的温度也随之降低。大约 152 min 时,由于赤藓糖醇发生过冷现象而出现短暂的加热过程,直到 170 min 时相变材料达到热平衡状态。温差发生的功率和电能可以表明,飞机在飞行时,相变材料可以使温差发电装置进行热能转换提供飞机所需要的电能,增加相变材料的含量将进一步提高铝板容器的吸热总量,以便提高热能转换效率。

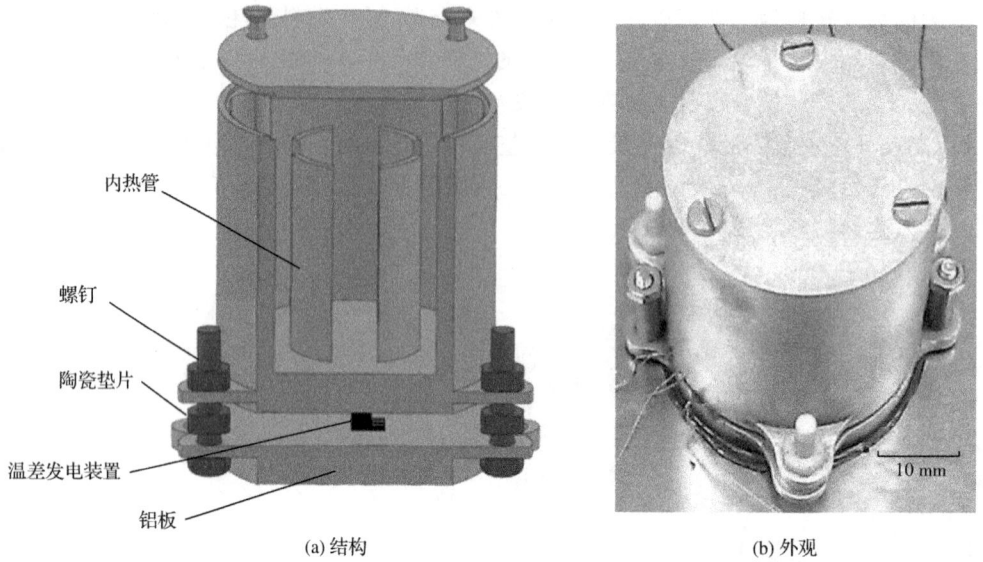

(a) 结构   (b) 外观

图 6-2-4 采用赤藓糖醇的温差发电装置

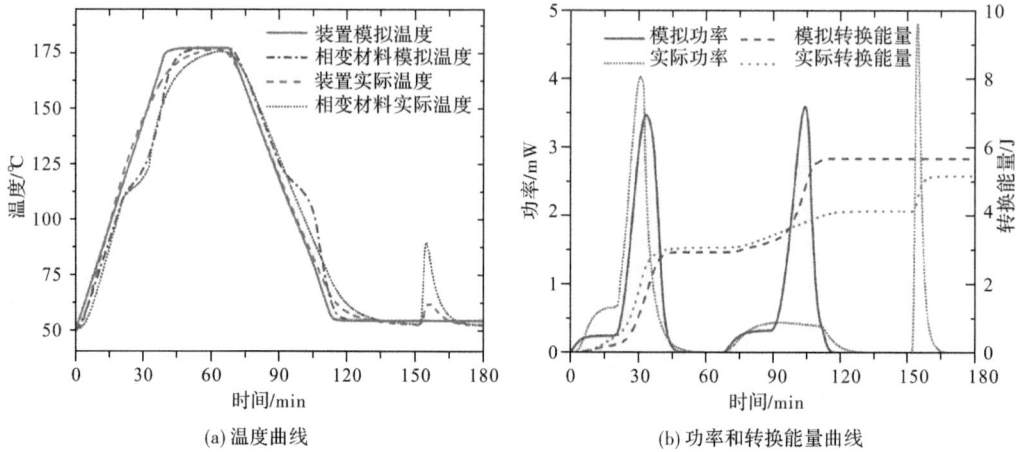

(a) 温度曲线   (b) 功率和转换能量曲线

图 6-2-5 相变材料和发电装置在恒温箱中加热时的温差发电效应

6.3 汽车领域

　　复合相变材料的相变储能特性在汽车领域也有着很广的应用前景。由于汽车内燃机在燃烧过程中散发大量的热量,位于车底的废热管理系统可以有效疏散热量以起到保护作用。对于储热容器而言,同样满足发动机型号、重量以及功率要求。复合相变材料在相变过程中吸收大量的外界热量,可以设计为不同车辆的热控装置,防止温度发生急剧变化。因此,复合相变材料在车辆的内燃机系统中作为储热容器,除了解决散热问题之外,还因廉价而在一定程度上降低了汽车的市场价格。目前,汽车内燃机中产生的热量主要通过热循环方式进行冷却回收。其中,使用复合相变材料的冷却系统如图 6-3-1 所示[54]。可以看出,吸收汽车内燃机中产生的热量大致是通过加热传热流体(HTF)并再一次冷却的流程来进行的。除了传热流体(HTF)的冷却器之外,还使用 R-143a 和氨气(NH_3)冷凝器对系统进行全面的热流控制。在加热器两旁设置了由多种石蜡结构组成的复合相变材料储存容器,以有效缓解传热流体加热器的受热负担。特别是复合相变材料发生固-液相变时转化的相变储能在汽车内燃机停止燃烧而降温时开始释放,延迟加热器的快速冷却。复合相变材料的相变储能特性在回收车辆启动时产生热量的应用也证明了其实用价值。目前该技术正朝着提高吸附循环效率的方向发展。

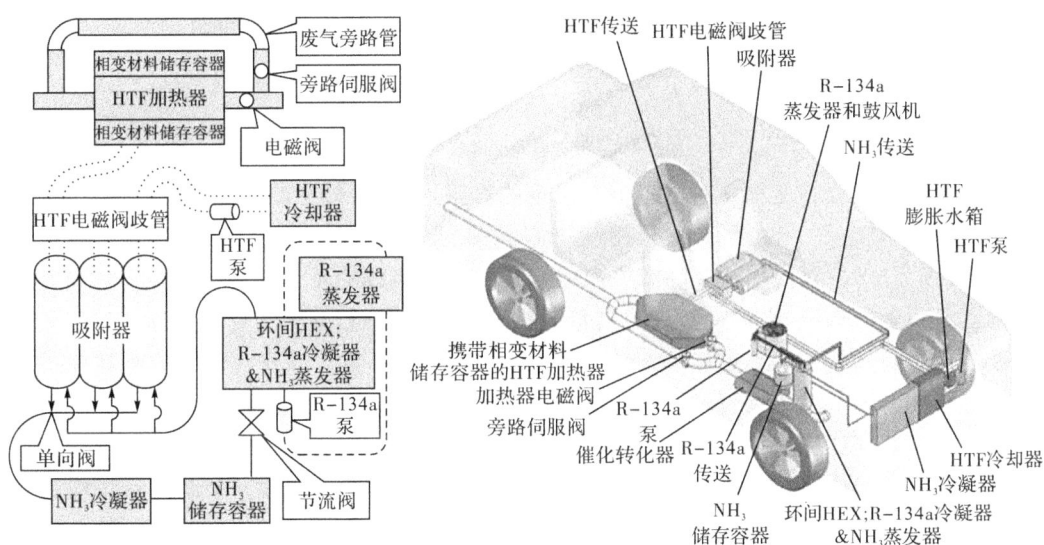

图 6-3-1　使用复合相变材料的冷却系统

同时,利用汽车内燃机中产生的热量并进行能源转换,通过温差发电给汽车提供电能的混合动力汽车也受到很多的关注。与废热回收系统相比,温差发电系统可以在热流中产生大量的电能,提供给车内各种电子设备。图 6-3-2 所示为带有温差发电装置的汽车,进一步体现出温差发电给汽车节能带来的效果。从图中可以看出,温差发电装置均安装在汽车底部,装置的冷端与冷凝器相连以便产生两端温差。根据塞贝克效应,装置的热端温度因吸收废热而持续上升,并且在内燃机燃烧期间始终收集电能。以本田汽车为例,当温差发电效率最高时,产生的功率可达到 500 W。由此可见,温差发电装置在汽车运行途中起到的作用是不能忽视的。

由于汽车内燃机在燃烧过程中出现的热量具有瞬态特性,会导致两个问题:首先,每当内燃机处于低负荷运转时,不能充分利用热流的最高工作温度;其次,内燃机在高负荷时需要排放部分废气来保护温差发电装置。解决上述问题的有效手段是利用热量储存的方式保持温差发电装置尽可能长时间处于设计点的运行状态。显然,复合相变材料发生相变过程时可以储存大量的热量,可以安置在温差发电装置和排热管之间充当相变储能

(a) 携带热电转换装置的宝马530i内部结构[55]

(b) 本田汽车温差发电装置废热
回收发电系统[56]

(c) 福特汽车温差发电装置[57]

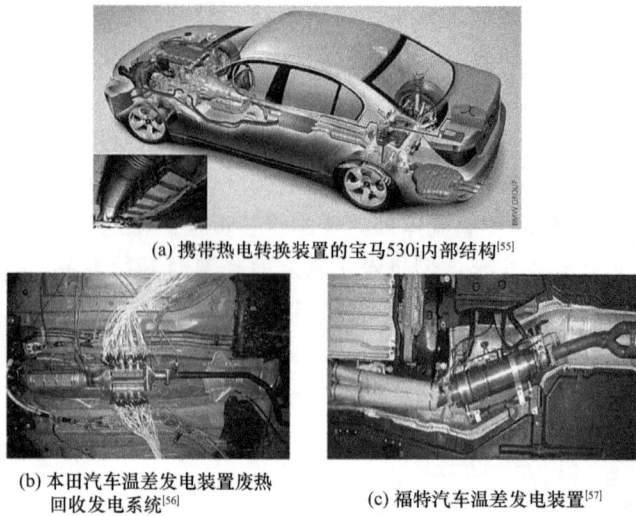

图 6-3-2　带有温差发电装置的汽车

器。为了验证复合相变材料对汽车温差发电的效果,德国宇航中心的车辆研究所(DLR's IVC)设计并构建了一个含有复合相变材料的高温储热温差发电装置,其具体结构如图 6-3-3 所示[58]。它使用由多种有机和无机相变材料组成的复合相变材料并将其安装在温差发电装置的热端,当内燃机处于高负荷接近临界温度时,复合相变材料通过发生相变来吸收大量的热量。等内燃机状态转为低负荷时,复合相变材料开始释放自身转化的相变储能以提高温差发电装置的能源转换效率。因此,温差发电装置的热端可以尽可能保持最佳状态,废气热交换器向相变材料层提供热量并与连接冷却水热交换器的冷端产生温差。图 6-3-4 所示为温差发电装置在测试过程中的温度变化曲线。该图揭示了温差发电装置的出、入口温度在高负荷时发生急剧上升,而复合相变材料发生相变时,温差发电模块的热端温度却保持稳定态势。可以看出,复合相变材料在相变过程中吸收外界热量来控制热端温度。等内燃机处于低负荷时,复合相变材料释放出的热能可以保持温差发电模块的热端温度,与无复合相变材料的发电装置呈明显对比。

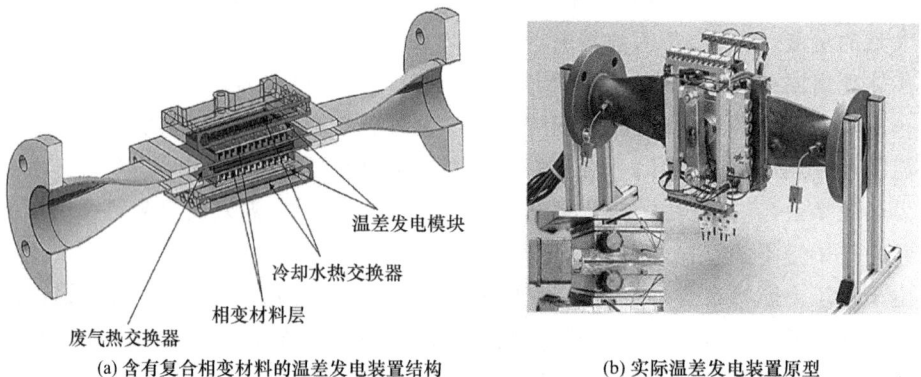

温差发电模块

冷却水热交换器

相变材料层

废气热交换器

(a) 含有复合相变材料的温差发电装置结构

(b) 实际温差发电装置原型

图 6-3-3　高温储热温差发电装置

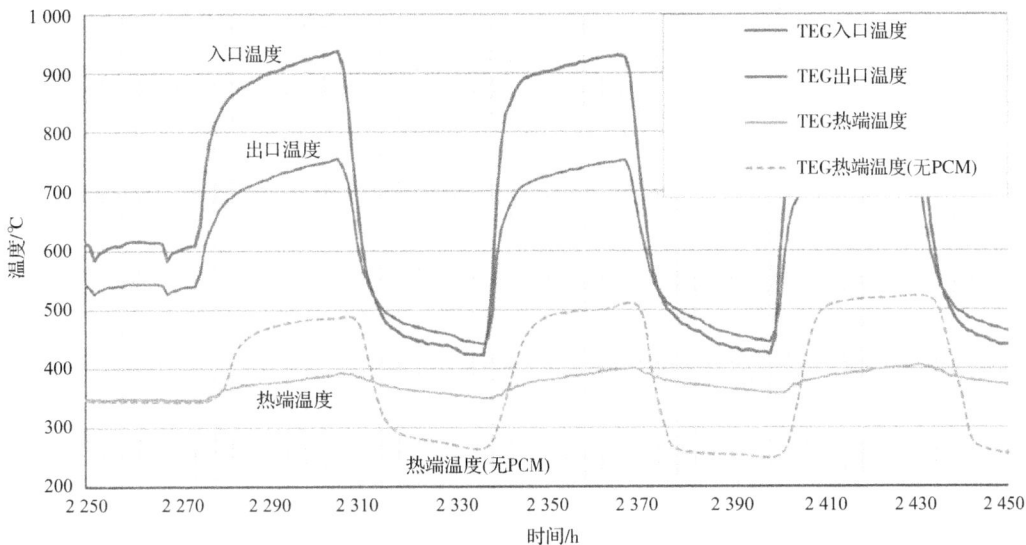

图 6-3-4　温差发电装置的温度变化曲线及无复合相变材料时的热端温度

　　既然复合相变材料能有效控制温差发电装置的热端温度,其发生能源转换而释放出的能量也发生相应的变化。含有复合相变材料的温差发电装置与普通装置通过温差发电效应而产生的能量曲线对比如图 6-3-5 所示。不难看出,随着时间的推移,含有复合相变材料的温差发电装置比普通装置多释放 29％的电能,原因在于复合相变材料的相变储能过程使发电装置的热端温度处于持续的稳定状态,有利于长时间的温差发电。通过复合相变材料的温差发电测试结果可以得知,复合相变材料不仅限于废热回收,也可以吸收内燃机中产生的热量而发生温差发电效应,并给车内各种电子设备提供持续稳定的电能,减少汽车的能源消耗,提高其综合性能。

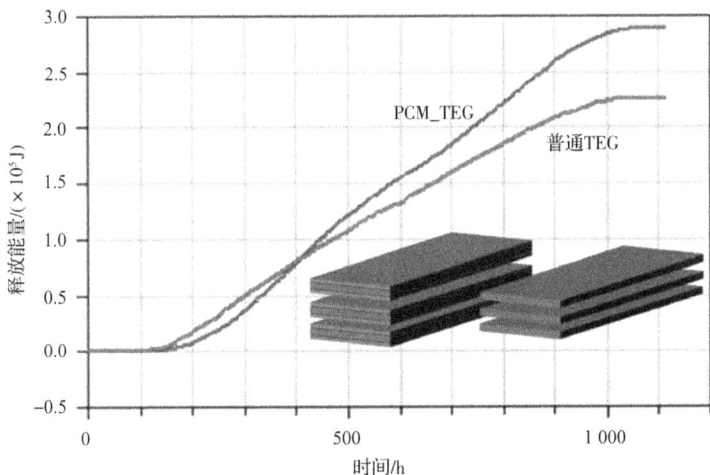

图 6-3-5　含有复合相变材料的温差发电装置与普通装置释放出的能量曲线对比

6.4 太阳能发电领域

众所周知,太阳能是目前最为广泛的可再生能源,也是蕴藏丰富且可持续得到的自然资源。每天从太阳抵达地球的太阳能是巨大的,因其具有不受资源分布区域的限制、高质量、清洁、安全等众多优点,故在使用太阳能转换成多种其他形式的能量方面的应用是非常广泛的。太阳能发电是在实际生活中普遍应用的太阳能转换技术,可提供人类所需的电能。通常使用太阳能电池板来吸收太阳光,将太阳辐射直接或间接转换成电能。其中,光伏发电系统是利用太阳电池半导体材料在受到太阳辐射时将其直接转换为电能的一种新型太阳能发电系统。同样,复合相变材料在太阳能发电中将吸收的大量太阳能转化成自身的相变储能,稳定控制太阳能光伏发电系统的温度波动并顺利进行能源转换。由于光伏发电系统中的太阳能电池板的寿命和发电效率均受到温度波动的影响,在太阳能电池板中添加复合相变材料可以提高光伏发电系统的热性能,改善其发电特性,因此使用复合相变材料的太阳能电池板(光伏相变材料PV-PCM)在太阳能发电领域中的相关研究也取得了一定的进展。在阿拉伯联合酋长国进行的光伏相变材料(PV-PCM)在炎热环境中的发电效率实验证明了复合相变材料在光伏发电系统中的重要作用。为了方便验证光伏相变材料的优越特性,采用光伏参照物(PV 参照物)的太阳能发电装置作为比较,连接仪器的相关结构如图 6-4-1 所示[59]。从图中可以看到,使用石蜡复合相变材料且太阳能电池板用热电偶连接到数据记录器,并且使用气象观测仪和日射强度计来记录气候变化,以便测量光伏相变材料(PV-PCM)对光伏发电系统产生的效果。

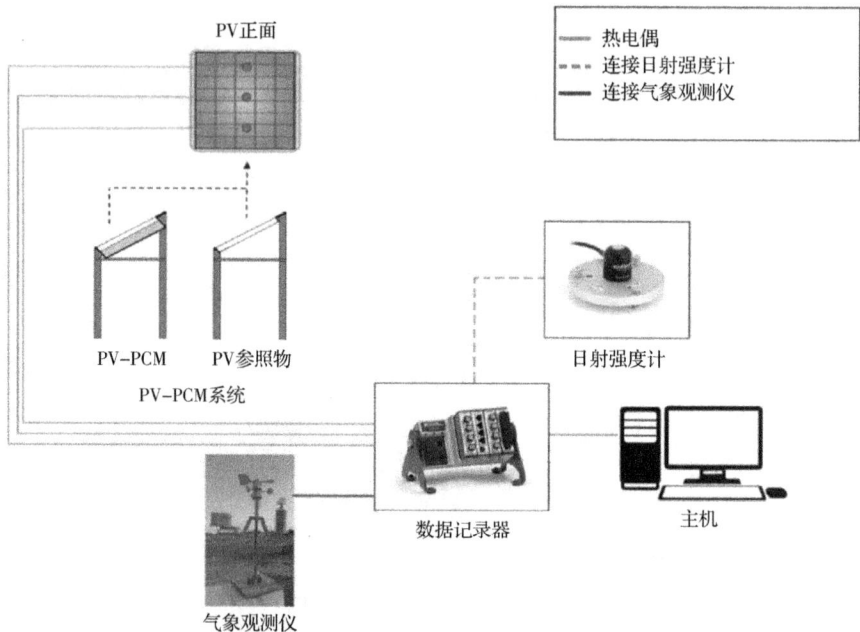

图 6-4-1 由光伏相变材料(PV-PCM)和光伏参照物(PV 参照物)分别组成的发电数据测试系统

图 6-4-2 所示为一年之内每个月的白天和夜间的平均温度变化,由于地处沙漠地区,白天平均温度在夏天超过 40 ℃,夜间平均温度有半年超过 30 ℃。可见,白天的高太阳光

强度提供给光伏发电系统充足的太阳能以进行能源转换。此温度条件下,石蜡复合相变材料在白天吸收大量的外界热量进行稳定的固-液相变,同时将吸收的热量转化成相变储能;夜间随着外界温度的降低,复合相变材料发生冷却相变以释放自身的相变储能,防止发生温度波动。为了更加仔细地验证,研究中记录了 1 月中最冷的一天的温度变化和 7 月中最热的一天的温度变化,其结果如图 6-4-3 所示。显然,没有复合相变材料时的光伏发电系统温度在最冷和最热时分别达到 53 ℃和 72 ℃。可见,没有复合相变材料的光伏参照物在一天之内产生的温差变化是比较大的。然而,使用光伏复合相变材料的发电系统的温度变化相比于前者是相对稳定的。虽然不同时期复合相变材料的相变程度会受到影响,但复合相变材料总是通过发生相变来调节光伏发电系统的温度变化,有效控制温度波动而进行太阳能发电。

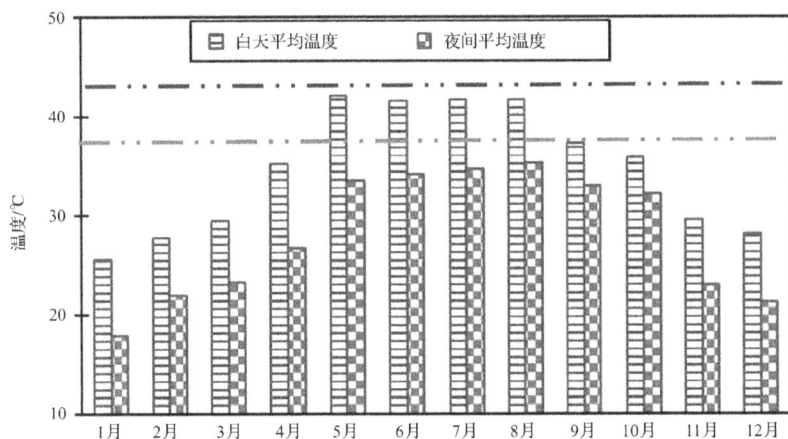

图 6-4-2 一年之内每个月的白天和夜间的平均温度变化

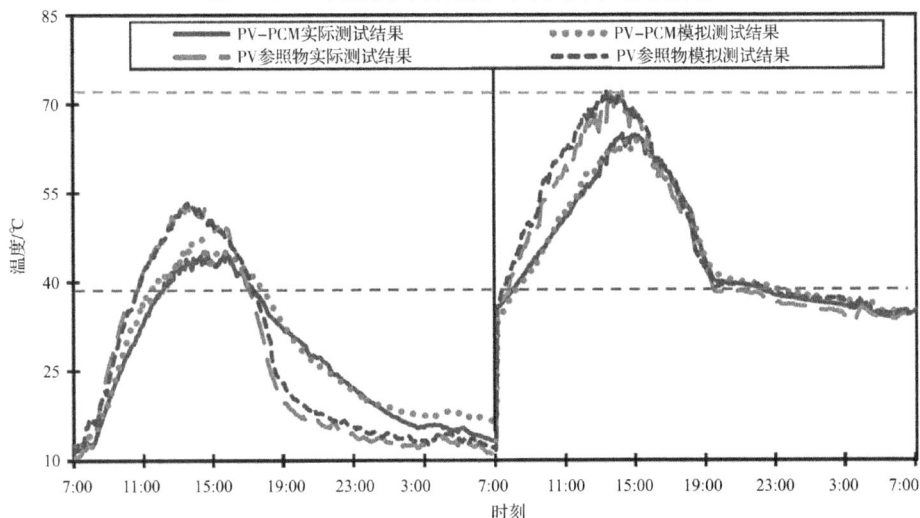

图 6-4-3 光伏相变材料(PV-PCM)和光伏参照物(PV 参照物)组成的发电系统在 1 月中最冷的一天(左)和 7 月中最热的一天(右)温度变化测试结果

根据上述的温度变化,同样测定由光伏相变材料和光伏参照物组成的发电系统在一天之中产生的发电量,如图 6-4-4 所示。不管气候变化有多大,光伏发电系统温度的降低反而提高了发电功率,可以证明控制温度波动有助于提高太阳能发电效率。此外,图 6-4-5 所示为光伏复合相变材料的发电系统在每个月的节能量以及冷却时的能效增益测试结果。每个月的平均温度不断发生变化,复合相变材料均给光伏发电系统带来较好的节能效果,并且在冷却过程中释放自身的相变储能,以增加发电系统的能源转换效率。研究中还发现,光伏相变材料的使用使发电系统平均每年节省 5.9% 的能源消耗,也就是该发电系统在相同条件下比由光伏参照物组成的发电系统产生更多的电能。可见,复合相变材料在提高太阳能发电方面具有实际性应用价值。

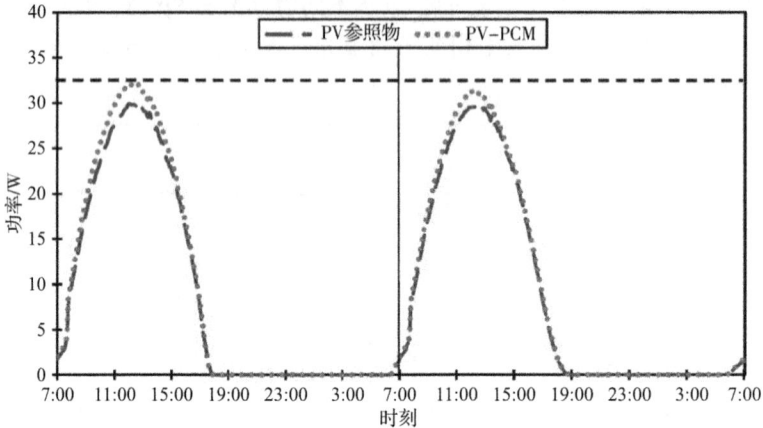

图 6-4-4　光伏相变材料(PV-PCM)和光伏参照物(PV 参照物)组成的发电系统在 1月中最冷的一天(左)和 7 月中最热的一天(右)的发电量比较

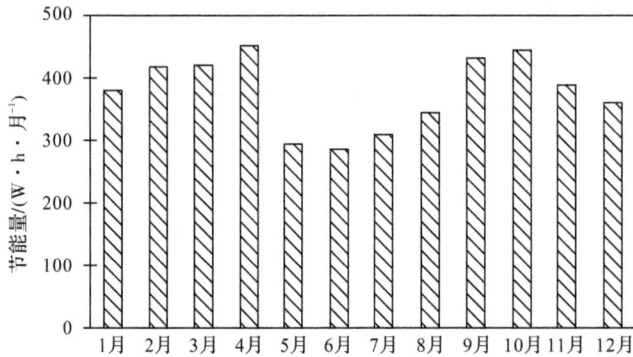

(a) 光伏发电系统在每个月的节能量

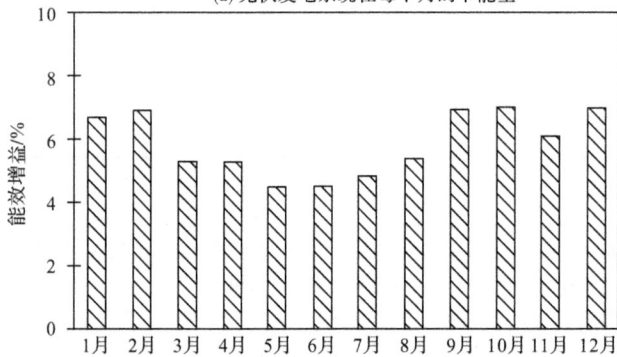

(b) 冷却时的能效增益测试结果

图 6-4-5　光伏发电系统在每个月的节能量与能效增益测试结果

此外,检验复合相变材料对太阳光发电系统的效率及寿命的相关研究也得到了实质性结果。添加复合相变材料以形成光伏相变材料模块(PV-PCM 模块)并与参照物进行性能比较来证明复合相变材料对发电系统起到的作用。图 6-4-6 所示为光伏相变材料模块(PV-PCM 模块)和参照物模块所组成的发电系统以及温度传感器的位置分布[60]。该研究也使用了石蜡复合相变材料并观察该复合相变材料在相变过程中能否控制发电系统中出现的温度波动。测量发电系统在 2018 年 6 月 20 日当天的温度变化和同年下半年产生的发电量如图 6-4-7 所示。从图中可以看出,光伏相变材料模块的温度波动较小,而且在下午时,复合相变材料已完成固-液相变充当模块背面的热绝缘体。由于温度相对较高,光伏相变材料模块的发电系统中聚集的电能与参考模块相比少 12%。看似复合相变材料阻碍了能源转换效率,但复合相变材料在冷却过程中释放大量的热量保护了光伏发电系统,在延长发电系统的使用寿命方面具有积极作用。

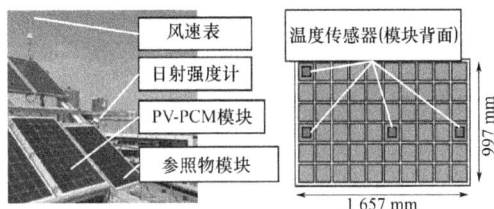

图 6-4-6　太阳能发电系统和温度传感器的位置

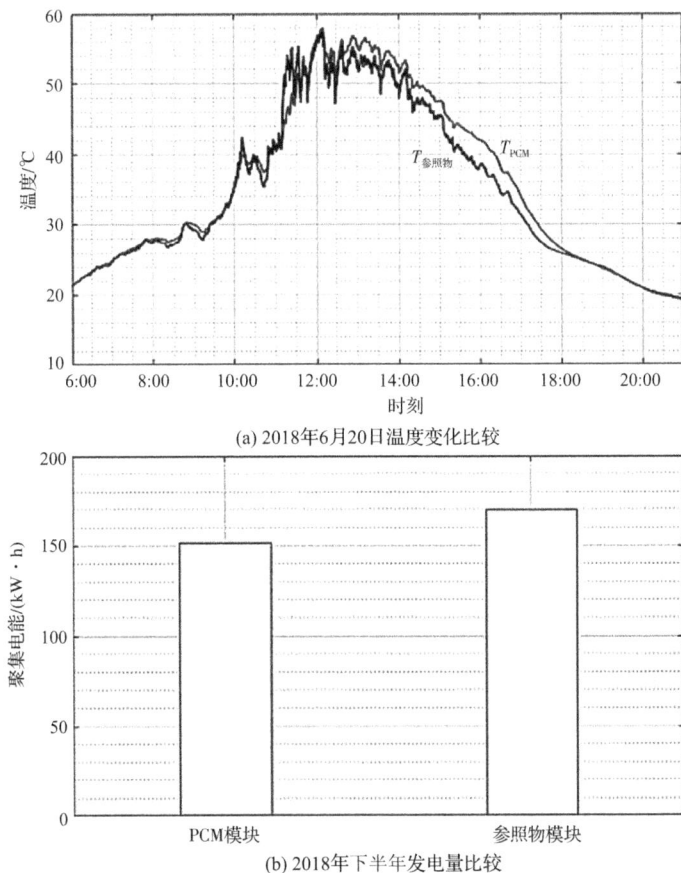

(a) 2018年6月20日温度变化比较

(b) 2018年下半年发电量比较

图 6-4-7　光伏相变材料模块和参照物模块的发电系统的温度变化及发电量比较

分别对由光伏相变材料模块和参照物模块组成的发电系统进行相对累积损伤测试，其结果如图 6-4-8 所示。显然，与参照物模块的发电系统相比，光伏相变材料模块的发电系统在温度波动最强的 6 月 20 日其相对累积损伤低了约 45%，可以证明复合相变材料通过发生相变来控制发电系统的温度波动。加上同年的 7 月 1 日、8 月 20 日以及 8 月 25 日的相对累积损伤结果得知，6 月 20 日的损伤是 7 月 1 日的 2 倍多，这表明强烈的温度波动给发电系统寿命带来很大的影响。如此一来，光伏复合相变材料模块与参照物模块相比，寿命延长多达 10 年。尽管发电效率有所降低，但长期稳定的光伏发电系统在整体上产生更多的电能，同样在实际应用中具有重大的意义。

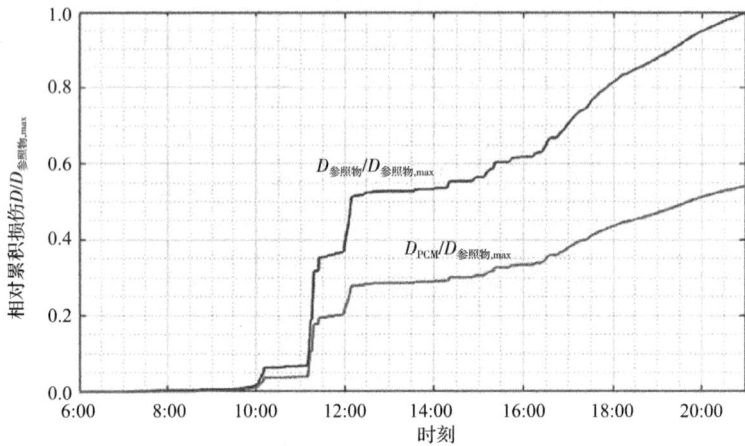

(a) 2018年6月20日累积损伤比较

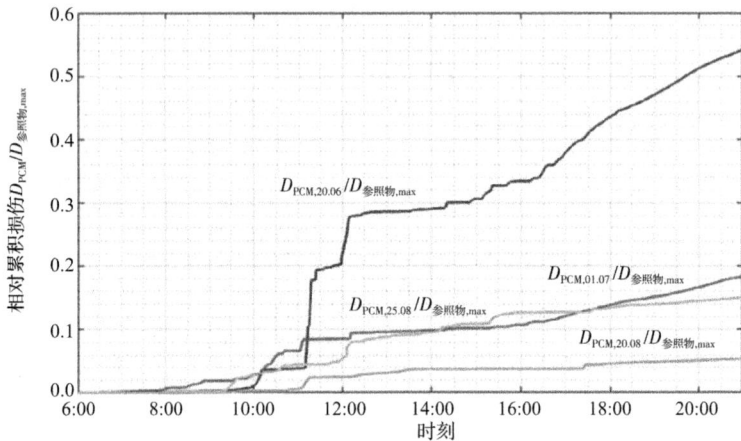

(b) 4天的相对累积损坏比较

图 6-4-8　温度波动最强的 2018 年 6 月 20 日光伏复合相变材料模块和参照物模块的
发电系统相对累积损伤比较及 4 天的相对累积损伤比较

6.5　建筑领域

复合相变材料在建筑领域中同样具有重大的应用价值。随着人们生活水平的持续提高,在住房条件上更加注重舒适环保、减少建筑材料的消耗量以及降低供暖系统(如空调)的投入成本。复合相变材料在相变过程中吸收或释放大量的热量,可以用于制作室内保温材料和隔热材料。此外,在建筑围护结构中还包含高相变储能的复合相变材料,当室内的温度上升时,复合相变材料通过发生相变来吸收建筑中多余的热量。相反,在夜间室内温度开始降低时,复合相变材料发生冷却相变来释放大量的热量,维持室内温度。列举复合相变材料的应用实例,含有石蜡的混凝土在控制建筑室内温度变化方面的比较如图 6-5-1 所示[61]。不难看出,混凝土中的石蜡在室外温度的变化中发生相变过程,将有效转化自身的相变储能,与无相变材料的混凝土建筑相比,室内温度的变化得到了一定程度的控制。不仅如此,由于太阳光直接透射窗户玻璃,建筑物室内的温度变化通常来自窗户,因此,遮挡太阳光并控制室内温度最有效的方法是在窗户外设置百叶窗。复合相变材料在吸收太阳光时发生固-液相变,将大量的外界热量转化成相变储能来减少太阳能聚集到室内空间。图 6-5-2 所示为由复合相变材料制造的百叶窗及由不同材料所组成的百叶窗对玻璃热通量的影响[62]。显然,与烷烃(正二十烷、正十八烷)和阻热泡沫相比,由 P116 石蜡复合相变材料制造的百叶窗具有最佳的遮挡效果,热通量控制在 40 W/m^2,比阻热泡沫填充的百叶窗多遮挡 23.29% 的外界热量。

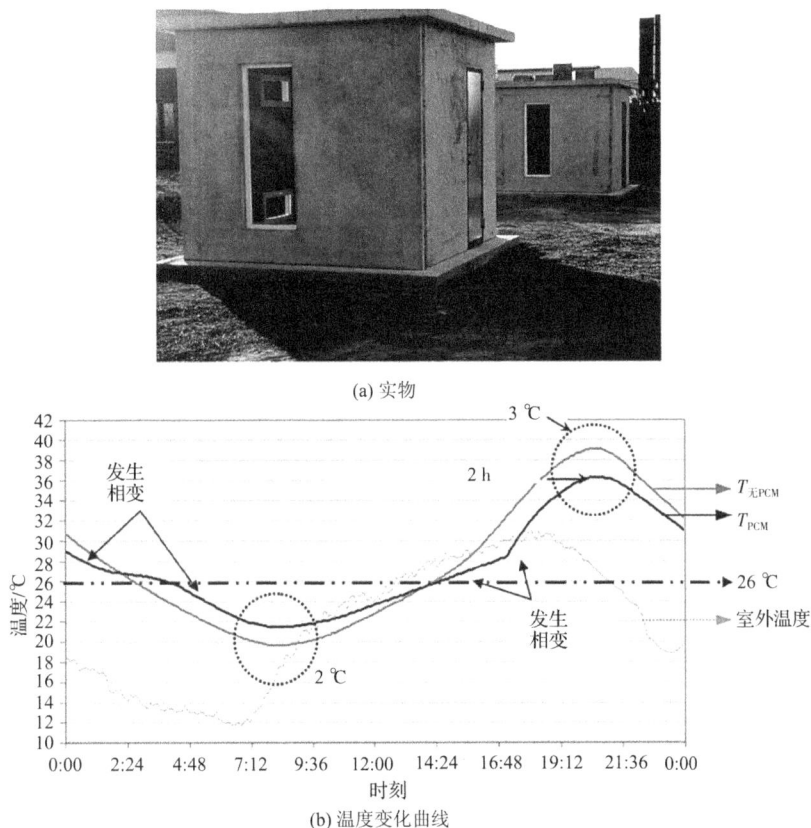

(a) 实物

(b) 温度变化曲线

图 6-5-1　含有石蜡的混凝土建造的建筑及室内温度变化比较

(a) 实物

(b) 热通量曲线

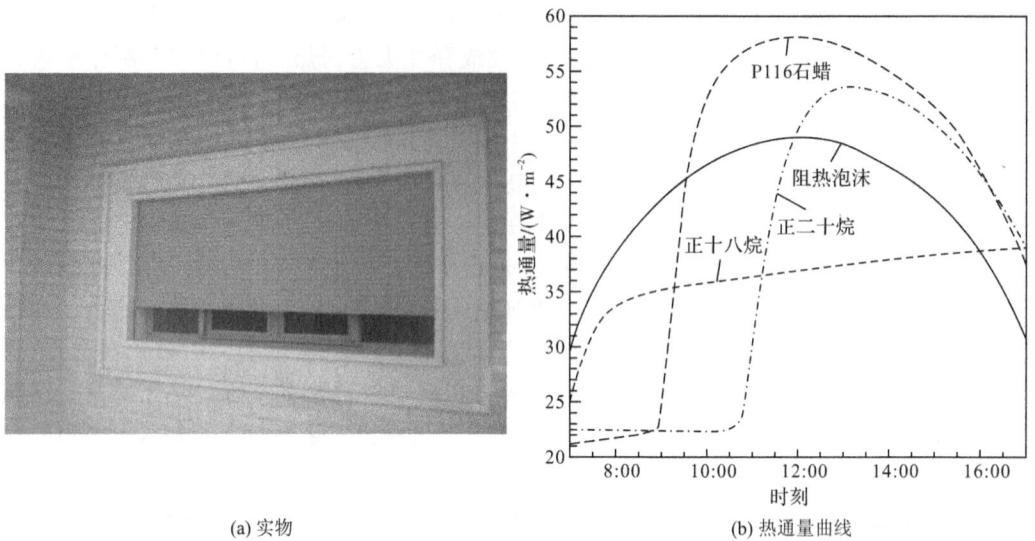

图 6-5-2　由复合相变材料制造的百叶窗及由不同材料所组成的百叶窗对玻璃热通量的影响

　　复合相变材料目前在建筑领域中的应用主要为相变储能的转化,通过相变过程中吸收或释放的热量来控制室内温度。在建筑中发生能源转换,成功收集电能将极大地提高复合相变材料的应用价值并降低能源消耗。为了检验复合相变材料在建筑领域中产生的能源转换,由复合相变材料和温差发电装置组成一个能源转换模块,其结构如图 6-5-3 所示[63]。这种结构将由几种不同石蜡组成的复合相变材料放置于模块的铝盒内部并与温差发电装置和热管相连,其发电模块串联成一片,形成建筑中所需要的砖块(复合相变材料砖)。该复合相变材料砖在白天吸收大量的太阳光,位于吸热板的温差发电装

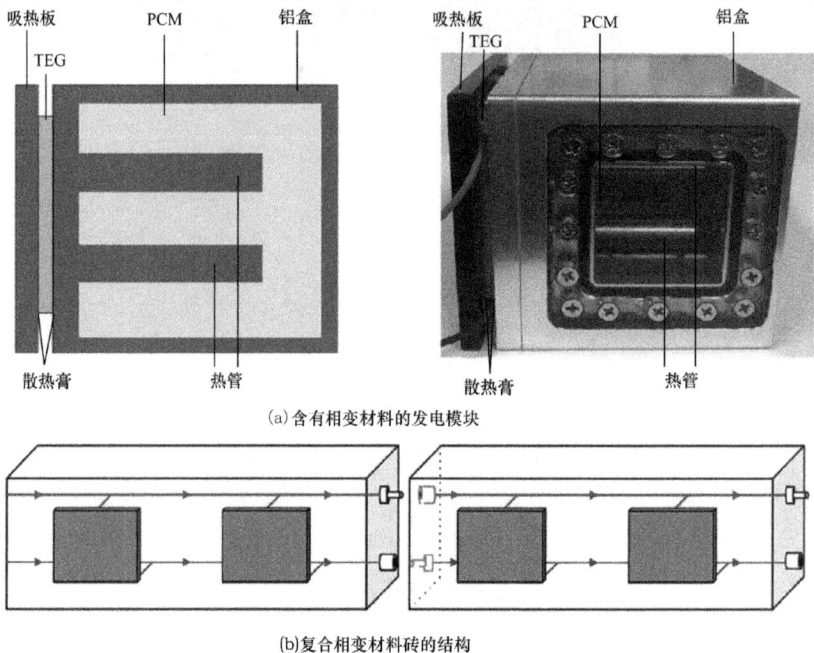

(a)含有相变材料的发电模块

(b)复合相变材料砖的结构

图 6-5-3　能源转换装置及其结构

置的温度高于装满复合相变材料的铝盒,复合相变材料通过热管吸收热量并开始固-液相变过程。到了夜间,外界温度降低,复合相变材料发生冷却相变并释放自身的相变储能,位于吸热板的温差发电装置温度则低于其铝盒温度。可见,复合相变材料砖在外界条件的变化下产生温差发电效应,这也证明了该能源转换模式在建筑领域中同样具有广阔的应用前景(图 6-5-4)。

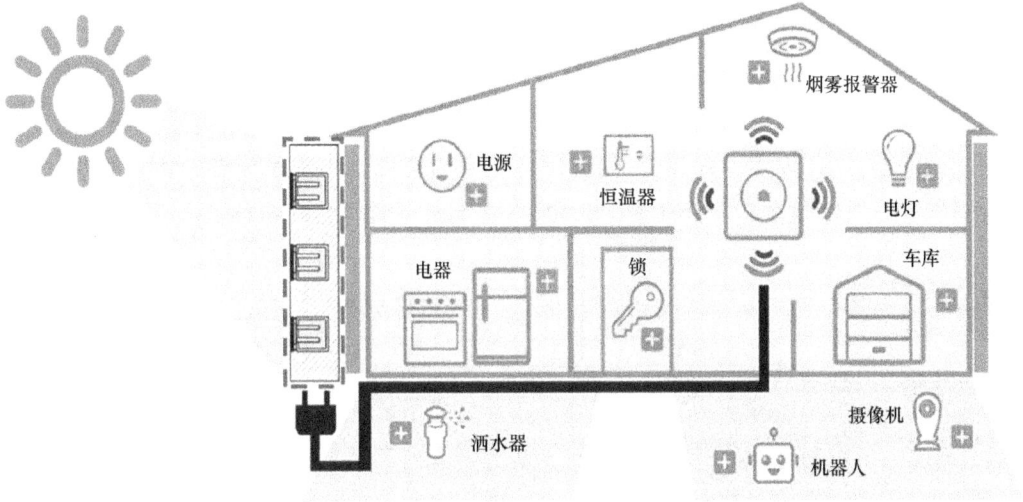

图 6-5-4　复合相变材料砖在建筑领域中的在应用

复合相变材料砖的温差发电测试装置如图 6-5-5 所示。图中的恒温板提供所需的综合温度(Sol-air Temperature),温差发电模块在 6 个不同位置中测量相应的温度变化。

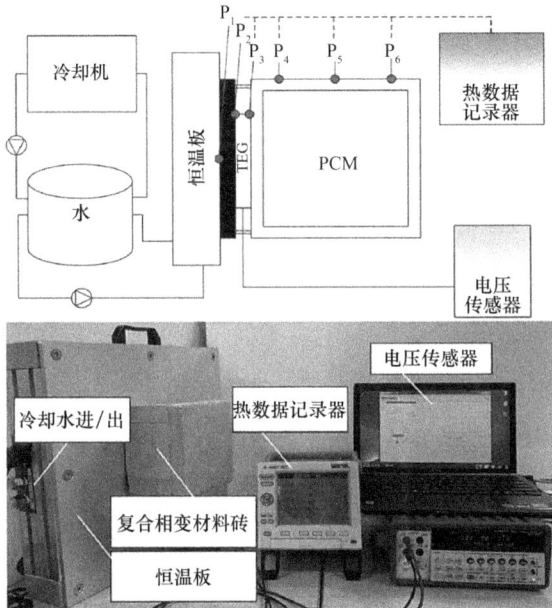

图 6-5-5　复合相变材料砖的温差发电测试装置

其中,P_1 测量吸热板温度,P_2 和 P_3 测量温差发电装置的冷热两端温度。该温差发电装置的两端温度直接决定能源转换中产生的发电量。此外,P_4,P_5 和 P_6 则测量装满复合相变材料砖的铝盒温度,通过不同位置测得的温度来计算其平均值。分别使用电压传感器和热数据记录器来测量复合相变材料砖中产生的电能及 6 个不同位置的温度变化值。复合相变材料砖在一天之内发生的温度变化如图 6-5-6 所示。显然,在炎热的白天,外界温度急剧上升,综合温度接近 50 ℃,复合相变材料砖先发生固-固相变(无序固体转变),然后通过热管吸收外界热量进行固-液相变。在此期间,因复合相变材料砖的温差发电装置两端出现温差,在白天可以收集到能源转换中产生的电能。同样在夜间,综合温度接近 0 ℃时,复合相变材料砖发生冷却相变,温差发电装置的两端也出现了温差。由此可见,复合相变材料砖在整个过程中均产生温差发电效应,向外界提供持续电能。

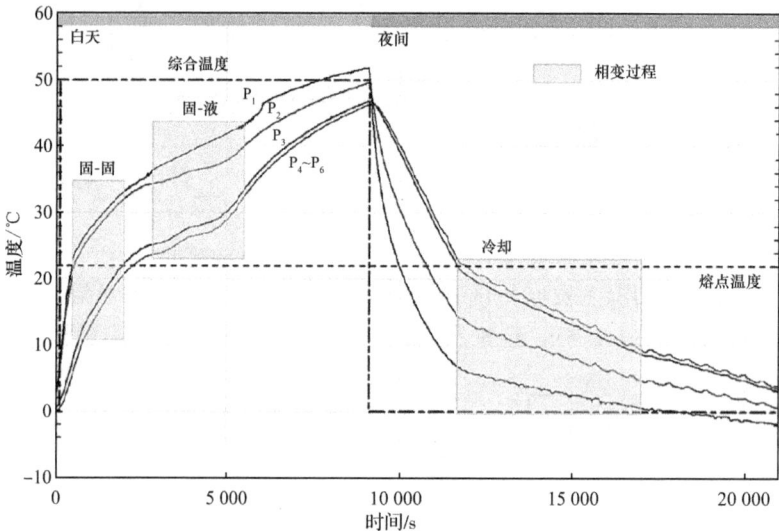

图 6-5-6 复合相变材料在一天之内的温度变化曲线

温度变化中产生的发电量和电压值如图 6-5-7 所示。从图中可以看出,最高的发电量和电压分别为 0.125 W 和 1.260 V。一天之内从一个发电模块中收集到的电能可达到 0.176 W·h,平均功率和电压值也分别为 0.030 W 和 0.564 V。尽管一个发电模块在一天之内测得的平均发电量约为 0.1 W·h,但连接几十个甚至几百个包含发电模块的复合相变材料砖持续不断地进行能源转换,将提供大量的电能。从复合相变材料砖的研究结果可知,复合相变材料在建筑领域中可以充当永久性发电机,使用复合相变材料在能源转换中获得的大量电能将降低能源消耗及使用成本,在未来的建筑业,特别是智能建筑的应用领域中具有广阔的发展前景。

(a) 发电量

(b) 电压曲线

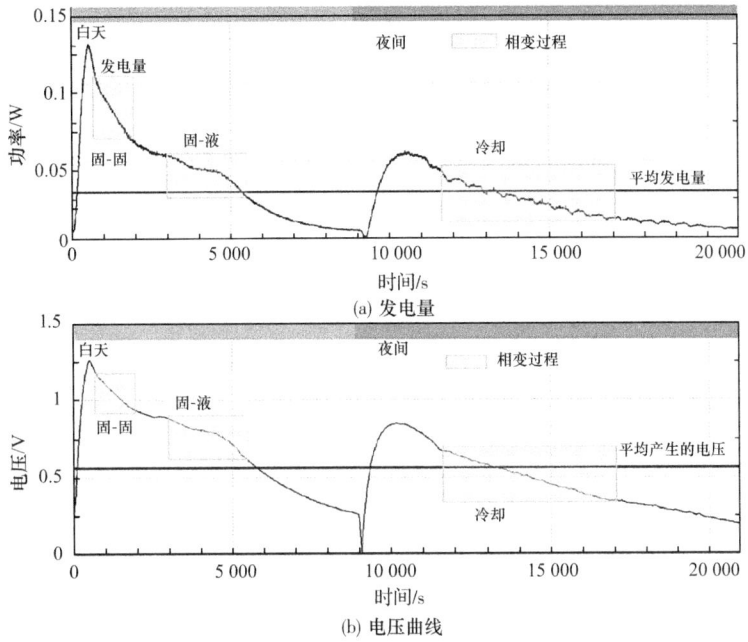

图 6-5-7　一天之内产生的发电量和电压曲线

第7章

复合相变材料在能源转换领域中的研究方向

7.1 提高能源转换效率

根据复合相变材料相变储能的实际应用及研究进展,目前复合相变材料主要应用在吸收外界热能和保持环境温度领域,利用复合相变材料进行能源转换收集电能的实例则主要停留在研究阶段。在能源转换领域中主要利用塞贝克效应和热释电效应使发电装置的两端产生温差,复合相变材料在相变过程中将长时间控制温度变化,同时向外界提供相对稳定的电能。尽管复合相变材料从胶囊状发展到多孔性气凝胶支撑的立体结构,复合相变材料中相变材料的占比也随之增大,但其能源转换效率却尚未取得明显的提高。除了发电装置自身缺陷之外,复合相变材料较低的导热性能还会影响其相变过程中的能源转换效率。石蜡、聚乙二醇(PEG)以及脂肪酸等有机相变材料具有高相变储能和稳定的化学性质,制备复合相变材料时除了在相变过程中保持固体形状之外,提高相变材料的导热性能使更多的相变储能转换成新的能源并减少热量消耗。因此,支撑材料的作用不局限于防止复合相变材料在相变过程中发生泄漏,提高复合相变材料的导热性能也关系到复合相变材料在能源转换中的实际应用。目前,涉及复合相变材料导热性能的研究表明,可在相变材料中加入高导热性能的填料如金属片、石墨烯纳米薄片(GNP)以及碳纳米管(CNT)等来制备导热性能较高的复合相变材料。然而,填料含量需要控制在一定范围之内,填料的占比增大反而影响其分散性,降低复合相变材料的导热性能。石墨烯气凝胶可谓是制备复合相变材料中最常用的支撑材料,尽管石墨烯具有超高的导热性能,但它在形成多孔性立体结构时导电性能反而受阻,无法提高复合相变材料在能源转换中所需要的传热特性。由此可见,制备复合相变材料中使用的支撑材料面临着结构改性,需要调节与相变材料之间的相互连接以便提高相变储能的转换效率。基于使用的支撑材料是多孔性气凝胶,应对多孔性气凝胶的网状结构进行改性,尽量降低内部孔隙大小,使相变材料尽量多地分散在气凝胶的内部孔隙当中,防止相变材料的相互聚集。这样既可以充分利用相变材料在相变过程中吸收或释放的热量,又能通过网状结构的多孔性支撑材料向外界传送该热量,极大地提高复合相变材料的导热性能。因此在实际生产中,制备高导热性能的复合相变材料将直接影响该复合相变材料在相变过程中的能源转换效率,这也是复合相变材料在能源转换领域中的研究方向。

7.2　复合相变材料的耐久性

由于相变材料的成本较低,制备复合相变材料并在实际中长期应用均可取得很大的经济效益。在能源转换领域中反复使用复合相变材料的相变储能不仅节省资金投入,而且在复合相变材料的相变过程中能收集到大量的电能。然而,目前在实际应用中的复合相变材料还是以容器中填充相变材料的方式来生产,气凝胶支撑的复合相变材料仍处在实验阶段。可以说,气凝胶支撑的复合相变材料的机械性能及耐久性还需要进一步提高。尽管气凝胶支撑的复合相变材料在相变过程中可有效防止出现泄漏现象,但气凝胶自身的多孔性结构在相变材料的反复相变循环过程中难免发生结构破裂,阻碍复合相变材料的长期应用。此外,复合相变材料在相变过程中受到外界压力或冲击时同样发生结构形变而出现泄漏现象。对于复合相变材料的耐久性而言,在反复循环相变过程中能够保持稳定的立体结构,并且能承受外界的各种干扰,使气凝胶支撑的复合相变材料正式应用于能源转换领域中。为了提高气凝胶的机械性能,多项研究都以制备交联状气凝胶为新的支撑材料,提高相应的复合相变材料在反复相变过程中的耐久性。本研究也涉及交联状石墨烯气凝胶的制备及该石墨烯气凝胶支撑的复合相变材料的相关特性,并取得了一系列研究进展。根据交联状石墨烯支撑的复合相变材料的定形相变测试结果可知,在存在一定外界压力的情况下,与其他石墨烯气凝胶支撑的复合相变材料相比,该交联状的复合相变材料具有很高的机械性能,并未发生结构形变,也未出现泄漏现象。通过差示扫描量热仪(DSC)的温度循环测试也能看到,该交联状的复合相变材料在反复的相变过程中仍然保持很高的相变储能且未发生任何的化学反应。由此可见,提高支撑材料的机械性能可使复合相变材料在承受外界压力的同时反复进行稳定相变过程。然而,制备交联状石墨烯气凝胶的过程比较复杂,合成步骤也处在实验阶段,离实际生产存在着较大的距离。成功生产具有高机械性能的复合相变材料直接关系到该复合相变材料的耐久性,也可以反复利用复合相变材料的相变储能进行能源转换,收集实际生活中所需要的大量电能。

7.3　超薄型半透明复合相变材料

第 5 章讲述了复合相变材料在热释电效应中的能源转换特性,尤其是构建透明结构的热释电极在透射光线后被吸收于复合相变材料,使热释电极两端产生温差而向外界提供电能。通过该研究成果可以得知,由透明结构组成的热释电极在实际应用中存在着巨大的发展前景。只要有太阳光照,由透明结构组成的热释电极就可以随时吸收大量光能并进行能源转换,加上复合相变材料在相变过程中控制热释电极的两端温差,因此当无外界光线时,复合相变材料开始释放自身的相变储能,继续向外界提供所需要的电能。然而,该研究中使用交联状石墨烯气凝胶来支撑的复合相变材料,表面颜色均为黑色,只用来吸收透射光线。此外,该复合相变材料比较厚,在连接透明结构的热释电极时只能起到百叶窗的作用。为了同时满足透明结构的热释电极顺利进行能源转换以及在室内得到足够的光线,制备超薄型半透明复合相变材料成为一种利用其相变储能在能源转换领域中的研究方向。透明热释电极与超薄型半透明复合相变材料的工作原理如图 7-3-1 所示。不难看出,半透明结构的复合相变材料不仅让热释电极产生能源转换,而且不断向外透射大量的光线。超薄型半透明复合相变材料厚度较薄,如玻璃贴膜紧密连接不同类型的窗户玻璃,同时也能制造具有能源转换功能的窗户。这种新型窗户在太阳光照下,可以不断产生能源转换而收集电能,极大地缓解能源短缺及环境污染等重大问题,不仅限于建筑领域,在航天飞机、汽车以及太阳能电池板等多项领域都具有巨大的应用价值。然而,制备超薄型复合相变材料也存在着一些技术性问题,尤其是无法有效防止相变材料在相变过程中发生的泄漏现象。此外,采用一些透明材料来制备具有半透明结构的复合相变材料,由于透明材料在复合相变材料中的含量较高,降低相变材料的占比会影响复合相变材料的相变储能。尽管如此,从实际应用中带来的潜在收益来讲,超薄型半透明复合相变材料依然是能源转换领域的研究方向之一,只要突破制备过程中的技术难关,即可利用该复合相变材料的结构特性给实际生活带来极大的收益。

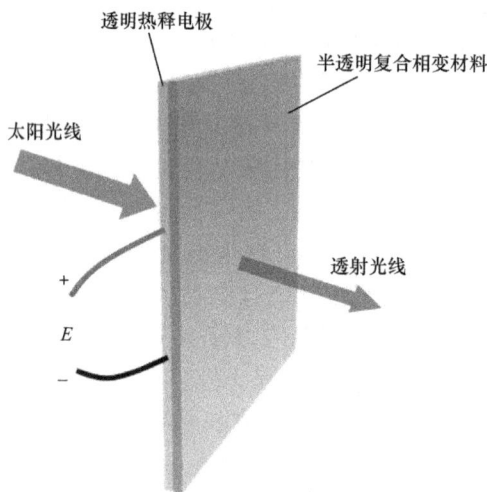

图 7-3-1 超薄型半透明复合相变材料构建的热释电极的工作原理

7.4 低温复合相变材料的制备与应用

在实际应用和研究中最常用石蜡、聚乙二醇(PEG)以及脂肪酸等有机相变材料来制备相应的复合相变材料。该复合相变材料的特性除了高相变储能之外,相变温度也比较适合能源转换的外界环境。例如,在像沙漠等昼夜温差较大的地区,复合相变材料的相变温度决定相变过程的进展,同样影响复合相变材料的能源转换效率。因此,在不同的环境下,应充分使用复合相变材料的相变储能,相变温度也是要考虑的重要因素。然而,这些有机相变材料的相变温度大多超过 55 ℃,除非是热带地区或炎热的沙漠,这些由有机相变材料组成的复合相变材料很难发生固-液相变而吸收外界热量。为了在不同的温度环境下使复合相变材料发生相变,并且利用其转化的相变储能,以低温相变材料制备复合相变材料成为新的研究方向。在第 4 章讲述的 1-十四醇(1-TD)相变材料属于低温相变材料,它在环境温度较高的情况下开始进行固-液相变。此外,一些低分子量的石蜡和聚乙二醇(PEG)也具有较低的相变温度,在能源转换领域中,该相变材料制备的复合相变材料在低温环境下也能发生相变过程并控制发电装置的两端温差而产生塞贝克效应及热释电效应。复合相变材料在海水中进行能源转换的研究也收获了一些进展,由于海水温度较低,在能源转换领域中使用的复合相变材料在低温条件下完成相变过程并吸收或释放大量的热量。利用石蜡等相变材料在低温海水中进行能源转换的研究案例如图 7-4-1 所示[64]。从图中可以看到,在接近海水表面处的温度约为 28 ℃,随着海水深度加大,温度开始逐渐下降,到 500 米深处时降至 10 ℃,1 000 米深海的温度仅为 5 ℃。该研究使用了含有低温相变材料的水下航行器,先停留在海水表面使航行器中的相变材料发生固-液相变而吸收外界热量。等相变材料把大量的热量转化成自身的相变储能时,水下航行器开始潜入海水深处,海水温度的降低使航行器中的相变材料开始进行冷却相变并释放大量的热量。研究表明,相变材料在相变过程中使水下航行器的温差发电装置两端形成温差,致使航行器在运行中不断进行能源转换而收集到电能。通过水下航行器在海水深处进行能源转换的研究可以看到,低温相变材料在海水中的温差发电具有实际性应用价值,充分利用大量的海水资源将持续收集电能,并且极大缓解能源短缺及环境污染等重大问题。然而,低温相变材料在常温下均可完成固-液相变,加上黏度较低,制备出的复合相变材料需要冷藏以防止发生相变。当气凝胶作为支撑材料时,考虑其机械性能之外,多孔性内部结构能充分吸收低温相变材料且具有很高的表面张力也是制备低温复合相变材料的必要条件。成功制备低温复合相变材料将进一步扩大复合相变材料的应用范围,在众多低温环境下(如深海)都能顺利进行能源转换,这也是目前复合相变材料在能源转换领域中的热门研究方向。

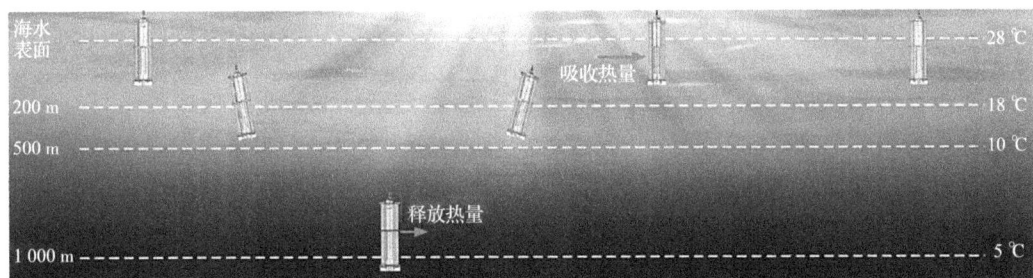

图 7-4-1　海水温度分布及相变材料在低温海水中的能源转换应用

7.5　智能控制能源转换技术

复合相变材料温差发电的相关研究表明,将两种不同的复合相变材料分别连接于温差发电装置的两端,通过环境温度发生变化或吸收太阳光线时由于发生相变温度的不同而引起温差发电装置的两端形成温差,最终在发电装置中产生能源转换效应。对于一种复合相变材料连接的温差发电装置,复合相变材料往往只连接于温差发电装置的热端,冷端需要各种措施来降温,以便维持两端温差。尽管利用复合相变材料在相变过程中吸收或释放的热量进行温差发电,但不断对发电装置的冷端进行降温会导致该温差发电装置无法在外部环境的变化中自动形成两端温差而发生温差发电效应。与此相反,两种不同的复合相变材料可以同时改变温差发电装置的两端温度,不需要任何的降温措施。因此,仅在外界环境温度的变化条件下,温差发电装置自动发生温差发电效应,可视为智能控制能源转换技术。显然,两种不同的复合相变材料根据相变温度及相变储能给温差发电装置带来不同程度的能源转换效应。该结构的温差发电装置无论在太阳能发电、废热回收发电,甚至是海水中的发电等众多领域具有巨大的应用价值。然而,两种不同的复合相变材料在温差发电的相关研究表明,温差发电装置的两端分别使用相变温度较高的复合相变材料(如聚乙二醇 PEG)和低温复合相变材料(如 1-十四醇 1-TD),在相变过程中温差发电装置的两端温差较低,通过能源转换而收集到的电能尚未满足应用需求。尽管使用相变温度比 1-十四醇(1-TD)更低的复合相变材料,但在低温条件下均已完成固-液相变,对于外界环境温度的变化和吸收太阳能过程中将无法控制发电装置的冷端温度。如此一来,即便是两种不同的复合相变材料也不能使温差发电装置出现长时间的两端温差,极大影响温差发电装置的能源转换效率。可见,在不同的外界条件下,如何选用两种不同的复合相变材料是最为关键的一步,只要在相变过程中给温差发电装置带来较大的两端温差,能源转换中也能收集到充足的电能。尽管复合相变材料在智能控制能源转换的应用中存在需要克服的难题,但自动发生温差发电效应也被视为复合相变材料在能源转换领域中的研究方向,并将进一步提高复合相变材料的应用价值。

7.6　复合型能源转换

根据复合相变材料在能源转换中的研究结果,复合相变材料在相变过程中可有效吸收或释放大量的热量,同时控制发电装置的两端温差,使发电装置发生温差发电效应。复合相变材料在能源转换领域中具有不可或缺的作用,尤其是发生固-液相变之后的复合相变材料在环境温度降低时通过冷却相变向外界释放自身的相变储能。与普通材料相比,复合相变材料在冷、热过程的反复循环中均使发电装置产生温差发电效应,并且在能源转换过程中持续向外界提供所需的电能。此外,复合相变材料的制造成本较低,生产含有复合相变材料的发电装置也可产生很高的经济效益。然而,复合相变材料不仅限于转化自身的相变储能,在外界环境温度或有太阳光照之下,复合相变材料同样可以发生温差发电效应,这也是复合相变材料在能源转换领域中的研究方向。复合相变材料具有相变温差发电功能,也就是复合型能源转换将取代传统的温差发电装置,以更简便的方式向外界提供大量的电能。该复合型能源的转换原理如图 7-6-1 所示。从图中可以看出,使用两种不同的复合相变材料(PCM1,PCM2)相互连接成一个发电装置,具有类似于温差发电装置两端导体的物理特性。在这两种复合相变材料中掺杂不同浓度的带电粒子,制备出的载体分别为含有自由电子和空穴的复合相变材料。当这些复合相变材料开始吸收外界热量时,由不同的相变温度导致的温差会引起自由电子的移动,使复合相变材料之间发生温差发电效应。尽管复合相变材料在复合型能源转换的应用中存在一些技术性问题,但它成功实现了复合相变材料自身发生能源转换,这在不久的将来会体现出巨大的应用价值。

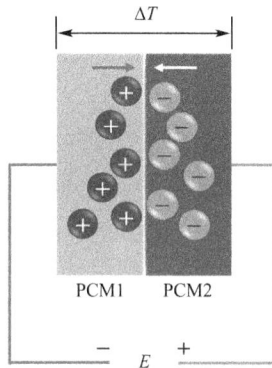

图 7-6-1　复合型能源的转换原理

参考文献

[1] Isamotu O F, Musa N A, AlukoJ B, et al. Eutectic composition of selected phase change materials for thermal energy storage applications. FUOYE Journal of Engineering and Technology. 5,2(2020).

[2] Mohamed S A, Al-Sulaiman F A, Ibrahim N I, et al. A review on current status and challenges of inorganic phase change materials for thermal energy storage systems. Renewable and Sustainable Energy Reviews. 70 (2017) 1072-89.

[3] Wu H Y, Li S T, Shao Y W, et al. Melamine foam/reduced graphene oxide supported form-stable phase change materials with simultaneous shape memory property and light-to-thermal energy storage capability. Chemical Engineering Journal. 379,122373 (2020).

[4] Sheng N, Nomura T, Zhu C, et al. Cotton-derived carbon sponge as support for form-stabilized composite phase change materials with enhanced thermal conductivity. Solar Energy Materials and Solar Cells. 192(2019)8-15.

[5] Jiang Y, Wang Z, Shang M, et al. Heat collection and supply of interconnected netlike graphene/polyethyleneglycol composites for thermoelectric devices. Nanoscale. 7(2015)10950-3.

[6] Li Y, Liu Q, Liu Y, et al. Calcium chloride hexahydrate/nano-SiO_2 composites as form-stable phase change materials for building energy conversation: The influence of pore size of nano-SiO_2. Energy and Buildings. 208(2020)109672.

[7] Kaygusuz K, Sari A. High density polyethylene/paraffin composites as form-stable phase change material for thermal energy storage. Energy Sources, Part A. 29(2007)261-70.

[8] Cai Y, Hu Y, Song L, et al. Flammability and thermal properties of high density polyethylene/paraffin hybrid as a form - stable phase change material. Journal of Applied Polymer Science. 99(2006)1320-7.

[9] Delgado M, Lázaro A, Mazo J, et al. Review on phase change material emulsions and microencapsulated phase change material slurries: materials, heat transfer studies and applications. Renewable and Sustainable Energy Reviews. 16(2012)253-73.

[10] Xiong T, Shah K W, Kua H W. Thermal performance enhancement of ce-

mentitious composite containing polystyrene/n-octadecane microcapsules: An experimental and numerical study. Renewable Energy. 169 (2021) 335-57.

[11] Yu C, Youn J R, Song Y S. Encapsulated Phase Change Material Embedded by Graphene Powders for Smart and Flexible Thermal Response. Fibers and Polymers. 20(2019)545-54.

[12] Yu C, Youn J R, Song Y S. Tunable electrical resistivity of carbon nanotube filled phase change material via solid-solid phase transitions. Fibers and Polymers. 21(2020)24-32.

[13] Jiang Z, Yang W, He F, et al. Microencapsulated paraffin phase-change material with calcium carbonate shell for thermal energy storage and solar-thermal conversion. Langmuir. 34(2018)14254-64.

[14] Zhang X, Wang X, Zhong C, et al. Ultrathin-wall mesoporous surface carbon foam stabilized stearic acid as a desirable phase change material for thermal energy storage. Journal of Industrial and Engineering Chemistry. 85 (2020) 208-18.

[15] Sarier N, Onder E. Organic phase change materials and their textile applications: an overview. Thermochimica acta. 540(2012)7-60.

[16] Zuo X, Zhao X, Li J, et al. Enhanced thermal conductivity of form-stable composite phase-change materials with graphite hybridizing expanded perlite/paraffin. Solar Energy. 209(2020)85-95.

[17] Yang H, Wang Y, Liu Z, et al. Enhanced thermal conductivity of waste sawdust-based composite phase change materials with expanded graphite for thermal energy storage. Bioresources and Bioprocessing. 4(2017)1-12.

[18] Liang K, Shi L, Zhang J, et al. Fabrication of shape-stable composite phase change materials based on lauric acid and graphene/graphene oxide complex aerogels for enhancement of thermal energy storage and electrical conduction. Thermochimica acta. 664(2018)1-15.

[19] Du A, Zhou B, Zhang Z, et al. A special material or a new state of matter: A review and reconsideration of the aerogel. Materials. 6(2013)941-68.

[20] Zhao D, Yu L, Liu D. Ultralight graphene/carbon nanotubes aerogels with compressibility and oil absorption properties. Materials. 11,641 (2018).

[21] Gurav J L, Jung I K, Park H H, et al. Silica aerogel: synthesis and applications. Journal of Nanomaterials. 2010,409310(2010).

[22] Liu P, Gao H, Chen X, et al. In situ one-step construction of monolithic silica

aerogel-based composite phase change materials for thermal protection. Composites Part B:Engineering. 195,108072 (2020).

[23] Yang L,Yang J,Tang L S,et al. Hierarchically porous PVA aerogel for leakage-proof phase change materials with superior energy storage capacity. Energy & Fuels. 34(2020)2471-9.

[24] Ciplak，Z, Yildiz N, Calimli A. Investigation of graphene/Ag nanocomposites synthesis parameters for two different synthesis methods. Fullerenes, Nanotubes and Carbon Nanostructures 23(2015)361-370.

[25] Park J E,Park I S,Bae T S,et al. Electrophoretic deposition of carbon nanotubes over TiO2 nanotubes:Evaluation of surface properties and biocompatibility. Bioinorganic chemistry and applications. 2014,236521(2014).

[26] He H,Klinowski J,Forster M,et al. A new structural model for graphite oxide. Chemical physics letters. 287(1998)53-6.

[27] Yu C,Yang S H,Pak S Y,et al. Song. Graphene embedded form stable phase change materials for drawing the thermo-electric energy harvesting. Energy Conversion and Management. 169(2018)88-96.

[28] Hong J Y,Yun S,Wie J J,et al. Cartilage-inspired superelastic ultradurable graphene aerogels prepared by the selective gluing of intersheet joints. Nanoscale. 8(2016)12900-9.

[29] Ha H,Shanmuganathan K,Ellison C J. Mechanically stable thermally crosslinked poly (acrylic acid)/reduced graphene oxide aerogels. ACS applied materials & interfaces. 7(2015)6220-9.

[30] Yu C,Youn J R,Song Y S. Enhancement in thermo-electric energy harvesting efficiency by embedding PDMS in form-stable PCM composites. Polymers for Advanced Technologies.

[31] Yu C,Kim H,Youn J R,et al. Enhancement of Structural Stability of Graphene Aerogel for Thermal Energy Harvesting. ACS Applied Energy Materials. (2021).

[32] Yu C,Youn J R,Song Y S. Multiple Energy Harvesting Based on Reversed Temperature Difference Between Graphene Aerogel Filled Phase Change Materials. Macromolecular Research. 27(2019)606-13.

[33] Chavez R. High Temperature Thermoelectric Device Concept Using Large Area PN Junctions.

[34] Kiziroglou M E,Wright S W，Toh T T,et al. Design and fabrication of heat storage thermoelectric harvesting devices. IEEE Transactions on Industrial

Electronics. 61(2013)302-9.

[35] Zhang Y,Gurzadyan G G,Umair M M,et al. Ultrafast and efficient photo-thermal conversion for sunlight-driven thermal-electric system. Chemical Engineering Journal. 344(2018)402-9.

[36] Wei Q,Mukaida M,Kirihara K,et al. Polymer thermoelectric modules screen-printed on paper. Rsc Advances. 4 (2014)28802-6.

[37] Yu C,Youn J R,Song Y S. Reversible thermo-electric energy harvesting with phase change material (PCM) composites. Journal of Polymer Research. 28 (2021)1-9.

[38] Ma J,Wu Z,Luo W,et al. High pyrocatalytic properties of pyroelectric BaTiO$_3$ nanofibers loaded by noble metal under room-temperature thermal cycling. Ceramics International. 44(2018)21835-41.

[39] Potnuru A,Tadesse Y. Characterization of pyroelectric materials for energy harvesting from human body. Integrated Ferroelectrics. 150(2014)23-50.

[40] Zabek D,Seunarine K,Spacie C,et al. Graphene ink laminate structures on poly (vinylidene difluoride)(PVDF) for pyroelectric thermal energy harvesting and waste heat recovery. ACS applied materials & interfaces. 9(2017) 9161-7.

[41] Bowen C R,Taylor J,LeBoulbar E,et al. Pyroelectric materials and devices for energy harvesting applications. Energy & Environmental Science. 7 (2014)3836-56.

[42] Hunter S R,Lavrik N V,Bannuru T,et al. Development of MEMS based pyroelectric thermal energy harvesters. Energy Harvesting and Storage：Materials，devices，and applications II. International Society for Optics and Photonics. 2011 80350V.

[43] Wang X Q,Tan C F,Chan K H,et al. Nanophotonic-engineered photothermal harnessing for waste heat management and pyroelectric generation. ACS nano. 11(2017)10568-74.

[44] Yu C,Park J,Youn J R,et al. Integration of form-stable phase change material into pyroelectric energy harvesting system. Applied Energy 307,118212 (2022).

[45] Yu C, Park J, Youn J R,et al. Sustainable solar energy harvesting using phase change material(PCM) embedded pyroelectric system. Energy Conversion and Management 253,115145(2022).

[46] Mǎntele W,Deniz E. UV-VIS absorption spectroscopy：Lambert-Beer reloa-

ded. Elsevier2017.

[47] Popov R, Georgiev A. SCADA system for study of installation consisting of solar collectors, phase change materials and borehole storages. Proc of the 2nd Int Conf on Sustainable Energy Storage, June 19-2120(13)206-11.

[48] Seitov A, Akhmetov B, Georgiev A, et al. Numerical simulation of thermal energy storage based on phase change materials. Bulgarian Chemical Communications. 48(2016)181-8.

[49] Merlin K, Soto J, Delaunay D, et al. Industrial waste heat recovery using an enhanced conductivity latent heat thermal energy storage. Applied energy. 183(2016)491-503.

[50] Li D, Ding Y, Wang P, et al. Integrating two-stage phase change material thermal storage for cascaded waste heat recovery of diesel-engine-powered distributed generation systems: A case study. Energies. 12, 2121 (2019).

[51] Swanson T D, Birur G C. NASA thermal control technologies for robotic spacecraft. Applied thermal engineering. 23(2003)1055-65.

[52] Swanson T, Motil B, F Chandler, et al. NASA Technology Roadmaps TA 14: Thermal management systems. National Aeronautics and Space Administration, Washington, DC, accessed Jan. 21(2015)2019.

[53] Elefsiniotis A, Becker T, Schmid U. Thermoelectric energy harvesting using phase change materials (PCMs) in high temperature environments in aircraft. Journal of electronic materials. 43(2014)1809-14.

[54] Lambert M, Jones B. Automotive adsorption air conditioner powered by exhaust heat. Part 1: conceptual and embodiment design. Proceedings of the Institution of Mechanical Engineers, Part D: Journal of Automobile Engineering. 220 (2006)959-72.

[55] Vining C B. An inconvenient truth about thermoelectrics. Nature materials. 8 (2009)83-5.

[56] Orr B, Akbarzadeh A, Mochizuki M, et al. A review of car waste heat recovery systems utilising thermoelectric generators and heat pipes. Applied thermal engineering. 101(2016)490-5.

[57] Crane D. Thermoelectric waste heat recovery program for passenger vehicles. US Department Energy Efficiency & Renewable Energy (EERE). (2012)114-21.

[58] Altstedde M K, Rinderknecht F, Friedrich H. Integrating phase-change materials into automotive thermoelectric generators. Journal of electronic materi-

als. 43(2014)2134-40.

[59] Hasan A, Sarwar J, Alnoman H, et al. Yearly energy performance of a photo-voltaic-phase change material(PV-PCM) system in hot climate. Solar Energy. 146(2017)417-29.

[60] Grabo M, Weber D, Paul A, et al. Numerical Investigation of the Temperature Distribution in PCM-integrated Solar Modules. CHEMICAL ENGINEERING. 76(2019).

[61] Castellón C, Medrano M, Roca J, et al. Use of microencapsulated phase change materials in building applications. University of Lleida, Spain. (2007).

[62] Alawadhi E M. Using phase change materials in window shutter to reduce the solar heat gain. Energy and Buildings. 47(2012)421-9.

[63] Byon Y S, Jeong J W. Phase change material-integrated thermoelectric energy harvesting block as an independent power source for sensors in buildings. Renewable and Sustainable Energy Reviews. 128, 109921 (2020).

[64] Wang G, Yang Y, Wang S, et al. Efficiency analysis and experimental validation of the ocean thermal energy conversion with phase change material for underwater vehicle. Applied Energy. 248(2019)475-88.

附 录

主要参数明细

A　表面积(m^2)

a_{m}　熔化部分

c　比热容[$\text{J}/(\text{kg} \cdot {}^\circ\!\text{C})$]

C_{p}　比热容[$\text{J}/(\text{kg} \cdot \text{K})$]

C_{lp}　在 T_{m} 和 T_{f} 之间的平均比热容[$\text{J}/(\text{kg} \cdot \text{K})$]

C_{sp}　在 T_{i} 和 T_{m} 之间的平均比热容[$\text{J}/(\text{kg} \cdot \text{K})$]

C　等效电容(C/V)

D^*　堆积密度(g/cm^3)

D_{p}　样品密度(g/cm^3)

D_{s}　骨架密度(g/cm^3)

E_{g}　活化能(J)

f　溶体分数

h　显体积焓(J/m^3)

h'　热电元件的厚度(m)

Δh_{m}　单位质量熔化热(J/kg)

H　总体积焓(J/m^3)

ΔH_{c}　冷却相变焓(kJ/kg)

ΔH_{m}　熔化相变焓(kJ/kg)

ΔH_{CPCMs}　复合相变材料的相变焓(kJ/kg)

ΔH_{PCMs}　相变材料的相变焓(kJ/kg)

I_0　逆向电流(A)

I_{p}　热释电流(A)

k　导热系数[W/(m・K)]

k_B　玻尔兹曼常数(J/K)

L　太阳光强度(W/m^2 或 mW/cm^2)

m　相变材料的质量(kg)

m'　复合相变材料的质量(kg)

P_{out}　外界功率(W)

$P_{s_{ij}}$　自发极化(C/m^2)

p^*　热释电系数(C/m^{2}K)

ρ　密度(kg/m^3)

Q　蓄热总量(J)

Q'　电荷量(C)

q_{in}　内部热流(J/s)

R_e　电阻(Ω)

t　时间(s)

t_i　开始时间(s)

t_f　终止时间(s)

T　温度(K 或℃)

ΔT　温差(K 或℃)

T_c　冷却温度(K 或℃)

T_{cold}　冷端温度(K 或℃)

T_f　最终温度(K 或℃)

T_{hot}　热端温度(K 或℃)

T_i　最初温度(K 或℃)

T_m　熔点(K 或℃)

α　塞贝克系数(V/K)

η　相变材料的百分比(%)

η_{TEG}　热能转换效率(%)

θ　相变储能的转换效率(%)

λ　熔化潜热(kJ/kg)

V_s　温差电压(V)

V_p　热释电压(V)